建筑施工特种作业人员培训教材

建筑施工现场场内挖掘机司机

建筑施工特种作业人员培训教材编委会　组织编写

中国建筑工业出版社

图书在版编目(CIP)数据

建筑施工现场场内挖掘机司机/建筑施工特种作业人员培训教材编委会组织编写.—北京:中国建筑工业出版社,2019.7(2021.4重印)
建筑施工特种作业人员培训教材
ISBN 978-7-112-23889-7

Ⅰ.①建… Ⅱ.①建… Ⅲ.①建筑机械-挖掘机-操作-技术培训-教材 Ⅳ.①TU621

中国版本图书馆 CIP 数据核字(2019)第 129148 号

本书依据最新版的行业标准规范,全面讲述了建筑施工现场挖掘机操作人员应掌握的知识,全书分为两部分:第一部分为公共基础知识部分,主要包括职业道德、建筑施工特种作业人员和管理、建筑施工安全生产相关法规及管理制度、建筑施工安全防护基本知识、施工现场消防基本知识和施工现场应急救援基本知识;第二部分为专业基础知识部分主要包括内燃机、挖掘机的结构与工作原理、道路驾驶与基础作业、检查与维护以及职业规范与安全管理。

本书适合作为建筑施工现场特种作业人员、管理人员的培训教材,也可供相关人员参考学习。

责任编辑:李　明　赵云波　李　杰
责任校对:李欣慰

建筑施工特种作业人员培训教材
建筑施工现场场内挖掘机司机
建筑施工特种作业人员培训教材编委会　组织编写
*
中国建筑工业出版社出版、发行(北京海淀三里河路9号)
各地新华书店、建筑书店经销
北京红光制版公司制版
北京建筑工业印刷厂印刷
*
开本:850×1168毫米　1/32　印张:4⅝　字数:131千字
2019年10月第一版　2021年4月第三次印刷
定价:**20.00**元
ISBN 978-7-112-23889-7
(34124)

建筑施工特种作业人员
培训教材编委会

主　　任：高　峰

副 主 任：王宇旻　陈海昌

委　　员：金　强　朱利闽　朱　青　刘钦燕　张丽娟

　　　　　陈晓苏　马　记　曹　俊　杜景鸣　查继明

　　　　　高海明　周保健　樊路军　李朝蓬　王尚龙

　　　　　张鹏程　何红阳

本书编审委员会

主　　编：李朝蓬

副 主 编：樊路军

编写成员：王尚龙

（本系列教材公共基础知识编写成员：金　强　朱利闽

　　朱　青　刘　辉）

审　　稿：佘强夫

前　言

　　《中华人民共和国安全生产法》规定："生产经营单位的特种作业人员必须按照国家有关规定经专门的安全作业培训，取得相应资格，方可上岗作业"。建筑施工特种作业人员是指在房屋建筑和市政工程施工活动中，从事可能对本人、他人及周围设备设施的安全造成重大危害作业的人员。作为建设行业高危工种之一，其从业直接关系建筑施工质量安全，直接关系公民生命、财产安全和公共安全。

　　为进一步紧贴建筑施工特种作业人员职业素质和适岗能力的实际需要，编写委员会组织编写了《建筑电工》《建筑架子工》《附着式升降脚手架架子工》《建筑起重信号司索工》等24个工种的系列教材。该套教材既是相关工种培训考核的指导用书，又是一线建筑施工特种作业人员的实用工具书。

　　本套教材在编写过程中，得到了江苏省相关专家和部门的大力支持，在此一并表示感谢！因编者水平有限，难免会存在疏漏和不足之处，真诚希望广大同行和读者给予批评指正。

编者

二〇一九年五月

目 录

第一部分 公共基础知识

第一章 职业道德 ·· 1

第一节 道德的含义和基本内容 ···················· 1

第二节 职业道德的基本特征和主要作用 ······ 4

第三节 建设行业职业道德建设 ···················· 8

第二章 建筑施工特种作业人员和管理 ············ 13

第一节 建筑施工特种作业 ··························· 13

第二节 建筑施工特种作业人员 ···················· 14

第三节 建筑施工特种作业人员的权利 ·········· 17

第四节 建筑施工特种作业人员的义务 ·········· 19

第五节 建筑施工特种作业人员的管理 ·········· 20

第三章 建筑施工安全生产相关法规及管理制度 ····· 24

第一节 建筑安全生产相关法律主要内容 ······ 24

第二节 建筑安全生产相关法规主要内容 ······ 31

第三节 建筑安全生产相关规章及规范性文件
　　　主要内容 ······································· 34

第四章 建筑施工安全防护基本知识 ················ 36

第一节 个人安全防护用品的使用 ················ 36

第二节 安全色与安全标志 ··························· 40

第三节 高处作业安全知识 ··························· 42

第五章 施工现场消防基本知识 ······················ 45

第一节 施工现场消防知识概述及常用消防器材 ····· 45

第二节 施工现场消防管理制度及相关规定 ····· 47

第六章　施工现场应急救援基本知识 ·············· 51

第一节　生产安全事故应急救援预案管理相关知识 ········ 51

第二节　现场急救基本知识·················· 52

第二部分　专业基础知识

第七章　挖掘机的结构与工作原理 ·············· 56

第一节　概述 ······················ 56

第二节　液压挖掘机的基本结构与工作原理 ········· 61

第八章　道路驾驶与基础作业 ················ 82

第一节　挖掘机的操作说明·················· 82

第二节　挖掘机的基本驾驶·················· 87

第三节　挖掘机的挖掘作业·················· 95

第九章　挖掘机的检查、保养与故障排除············ 108

第一节　日常维护 ····················· 108

第二节　定期保养 ····················· 118

第三节　故障排除 ····················· 120

第十章　安全操作规程与管理················ 126

第一节　安全操作规程 ··················· 126

第二节　安全管理 ····················· 128

第一部分 公共基础知识

第一章 职业道德

第一节 道德的含义和基本内容

1. 道德的含义

道德是一种社会意识形态，是人们共同生活及其行为的准则与规范。

意识形态除了道德以外，还包括政治、法律、艺术、宗教、哲学和其他社会科学等意识形态，是对事物的理解、认知，对事物的感观思想，是观念、观点、概念、思想、价值观等要素的总和。如：对生命的认识和观点；对金钱物质的看法等。

道德往往代表着社会的正面价值取向，起到判断行为正当与否的作用。道德是以善恶为标准，通过社会舆论、内心信念和传统习惯来评价人的行为，调整人与人之间以及个人与社会之间相互关系的行动规范的总和。

2. 道德与法纪的关系

遵守道德是指按照社会道德规范行事，不做损害他人的事。遵守法纪是指遵守纪律和法律，按照规定行事，不违背纪律和法律的规定条文。法纪与道德既有区别也有联系，它们是两种重要的社会调控手段。

（1）法纪属于社会制度范畴，而道德属于社会意识形态范畴。道德侧重于自我约束，是行为主体"应当"的选择，依靠人们的内心信念、传统习惯和社会舆论发挥其作用，不具有强制力；而法纪则侧重于国家或组织的强制手段，是国家或组织制定和颁布，用以调整、约束和规范人们行为的权威性规则。

（2）遵守法纪是遵守道德的最低要求。道德一般又可分为两类：第一类是社会有序化要求的道德，是维系社会稳定所必不可少的最低限度的道德，如不得暴力伤害他人、不得用欺诈手段谋取利益、不得危害公共安全等；第二类是那些有助于提高生活质量、增进人与人之间紧密关系的原则，如博爱、无私、乐于助人、不损人利己等。第一类道德有时也会上升为法纪，通过制裁、处分或奖励的方法得以推行。而第二类道德是对人性较高要求的道德，一般不宜转化为法纪，需要通过教育、宣传和引导等手段来推行。法纪是道德的演化产物，其内容是道德范畴中最基本的要求，因此遵纪守法是遵守道德的最低要求。

（3）遵守道德是遵守法纪的坚强后盾。首先，法纪应包含最低限度的道德，没有道德基础的法纪，是无法获得人们的尊重和自觉遵守的。其次，道德对法纪的实施有保障作用，"徒善不足以为政，徒法不足以自行"，执法者职业道德的提高，守法者的法律意识、道德观念的加强，都对法纪的实施起着推动的作用。再者，道德又对法纪有补充作用，有些不宜由法纪调整的，或本应由法纪调整但因立法的滞后而尚"无法可依"的，道德约束往往就起到了必要的补充作用。

3. 公民道德的基本内容

公民道德主要包括社会公德、职业道德、家庭美德及个人品德四个方面。

（1）社会公德。公德是指与国家、组织、集体、民族、社会等有关的道德，社会公德是社会道德体系的社会层面，是维护社会公共生活正常进行的最基本的道德要求，是全体公民在社会交往和公共生活中应该遵循的行为准则，涵盖了人与人、人与社会、人与自然之间的关系。以文明礼貌、助人为乐、爱护公物、保护环境、遵纪守法为主要内容的社会公德，旨在鼓励人们在社会上做一个好公民。

（2）职业道德。职业道德是人们在职业生活中应当遵循的基本道德，是职业品德、职业纪律、专业能力及职业责任等的总称，它通过公约、守则等对职业生活中的某些方面加以规范。职业道德涵盖了从业人员与服务对象、职业与职工、职业与职业之间的关系；它既是对从业人员在职业活动中的行为要求，又是本行业对社会所承担的道德责任和义务。以爱岗敬业、诚实守信、办事公道、服务群众、奉献社会为主要内容的职业道德，旨在鼓励人们在工作中做一个好的建设者。

（3）家庭美德。家庭美德是调节家庭成员之间、邻里之间以及家庭与国家、社会、集体之间的行为准则，也是评价人们在恋爱、婚姻、家庭、邻里之间交往中的行为是非、善恶的标准。以尊老爱幼、男女平等、夫妻和睦、勤俭持家、邻里团结为主要内容的家庭美德，旨在鼓励人们在家庭生活里做一个好成员。

（4）个人品德。个人品德是一定社会的道德原则和规范在个人思想和行为中的体现，是一个人在其道德行为整体中所表现出来的比较稳定的、一贯的道德特点和倾向。个人品德是每个公民个人修养的体现，现代人应树立关爱、善待和宽厚的理念，对他人、对社会、对自然有关爱之心、善待之举和宽厚情怀。个人品德的内容包括很多，比如正直善良、谦虚谨慎、团结友爱、言行一致等。

社会公德、职业道德、家庭美德、个人品德这四个方面是一个有机的统一体，其外延由大到小，内涵由浅到深，共同构成一个完善的道德体系。在"四德"建设中，人的能动性及个人品德建设是至关重要的，个人品德的修养是树立道德意识、规范言行举止、建设和谐家庭、做好模范工作、维护社会和谐的基础。只有个人具备优良品德修养才能由己及人，才能由己及家庭、集体和社会。正确处理个人与社会、竞争与协作、经济效益与社会效益等关系，树立尊重人、理解人、关心人的理念，发扬社会主义人道主义精神，提倡为人民为社会多做好事、体现社会主义制度优越性、促进社会主义市场经济健康有序发展的良好道德风尚。

党的十八大对未来我国道德建设也做出了重要部署，强调依法治国和以德治国相结合，加强社会公德、职业道德、家庭美德、个人品德教育，弘扬中华传统美德，倡导时代新风，指出了道德修养的"四位一体"性。十八大报告中"推进公民道德建设工程，弘扬真善美、贬斥假恶丑，引导人们自觉履行法定义务、社会责任、家庭责任，营造劳动光荣、创造伟大的社会氛围，培育知荣辱、讲正气、作奉献、促和谐的良好风尚"，强调了社会氛围和社会风尚对公民道德品质的塑造；"深入开展道德领域突出问题专项教育和治理，加强政务诚信、商务诚信、社会诚信和司法公信建设"，突出了"诚信"这个道德建设的核心。

第二节　职业道德的基本特征和主要作用

1. 职业道德的概念

职业道德是指所有从业人员在职业活动中应该遵循的行为准则，是一定职业范围内的特殊道德要求，即整个社会对从业人员的职业观念、职业态度、职业技能、职业纪律和职业作风等方面的行为标准和要求。

职业道德是随着社会分工的发展，并出现相对固定的职业集团时产生的。人们的职业生活实践是职业道德产生的基础。特定的职业不但要求人们具备特定的知识和技能，而且要求人们具备特定的道德观念、情感和品质。各种职业集团，为了维护职业利益和信誉，适应社会的需要，从而在职业实践中，根据一般社会道德的基本要求，逐渐形成了职业道德规范。

职业道德是对从事这个职业所有人员的普遍要求，它不仅是所有从业人员在其职业活动中行为的具体表现，同时也是本职业对社会所负的道德责任与义务，是社会公德在职业生活中的具体化。每个从业人员，不论是从事哪种职业，在职业活动中都要遵守职业道德，如现代中国社会中教师要遵守教书育人、为人师表的职业道德，医生要遵守救死扶伤的职业道德，企业经营者要遵守诚实守信、公平竞争、合法经营的职业道德等。

具体来讲，职业道德的含义主要包括以下 8 个方面：

（1）职业道德是一种职业规范，普遍受社会的认可。

（2）职业道德是长期以来自然形成的。

（3）职业道德没有确定的形式，通常体现为观念、习惯、信念等。

（4）职业道德依靠文化、内心信念和习惯，通过职工的自律来实现。

（5）职业道德大多没有实质的约束力和强制力。

（6）职业道德的主要内容是对职业人员义务的要求。

（7）职业道德标准多元化，代表了不同企业可能具有不同的价值观。

（8）职业道德承载着企业文化和凝聚力，影响深远。

2. 职业道德的基本特征

职业道德是从业人员在一定的职业活动中应遵循的、具有自身职业特征的道德要求和行为规范。职业道德具有以下几个特点：

（1）普遍性。从业者应当共同遵守基本职业道德行为规范，且在全世界的所有职业者都有着基本相同的职业道德规范。

（2）行业性。职业道德具有适用范围的有限性，每种职业都担负着一定的职业责任和职业义务，由于各种职业的职业责任和义务不同，从而形成各自特定的职业道德的具体规范。职业道德的内容与职业实践活动紧密相连，反映着特定职业活动对从业人员行为的道德要求。

（3）继承性。职业道德具有发展的历史继承性，由于职业具有不断发展和世代延续的特征，不仅其技术世代延续，其管理员工的方法、与服务对象打交道的方式，也有一定历史继承性。在长期实践过程中形成的职业道德内容，会被作为经验和传统继承下来，如"有教无类""学而不厌，诲人不倦"，从古至今都是教师的职业道德。

（4）实践性。一个从业者的职业道德知识、情感、意志、信念、觉悟、良心等都必须通过职业的实践活动，在自己的行为中表现出来，并且接受行业职业道德的评价和自我评价。

（5）多样性。职业道德表达形式多种多样，不同的行业和不同的职业，有不同的职业道德标准，且表现形式灵活。职业道德的表现形式总是从本职业的交流活动实际出发，采用诸如制度、守则、公约、承诺、誓言、条例等形式，以至标语口号之类来加以体现，既易于为从业人员所接受和实行，而且便于形成一种职业的道德习惯。

（6）自律性。从业者通过对职业道德的学习和实践，逐渐培养成较为稳固的职业道德品质，良好的职业道德形成以后，又会在工作中逐渐形成行为上的条件反射，自觉地选择有利于社会、有利于集体的行为，这种自觉就是通过自我内心职业道德意识、觉悟、信念、意志、良心的主观约束控制来实现的。

（7）他律性。道德行为具有受舆论影响的特征，在职业生涯中，从业人员随时都受到所从事职业领域的职业道德舆论的影响。实践证明，创造良好的职业道德社会氛围、职业环境，并通过职业道德舆论的宣传、监督，可以有效地促进人们自觉遵守职业道德，并实现互相监督，共同提升道德境界。

3. 职业道德的主要作用

在现代社会里，人人都是服务对象，人人又都为他人服务。社会对人的关心、社会的安宁和人们之间关系的和谐，是同各个岗位上的服务态度、服务质量密切相关的。在构建和谐社会的新形势下，大力加强社会主义职业道德建设，具有十分重要的作用。

（1）加强职业道德是提高职业人员责任心的重要途径

职业道德要求把个人理想同各行各业、各个单位的发展目标结合起来，同个人的岗位职责结合起来，以增强员工的职业观念、职业事业心和职业责任感。职业道德要求员工在本职工作中不怕艰苦，勤奋工作，既要团结协作，又争个人贡献，既讲经济效益，又讲社会效益。加强职业道德要求紧密联系本行业本单位的实际，有针对性地解决存在的问题。

（2）加强职业道德是促进企业和谐发展的迫切要求

职业道德的基本职能是调节职能，一方面可以调节从业人员内部的关系，即运用职业道德规范约束职业内部人员的行为，促进职业内部人员的团结与合作，加强职业、行业内部人员的凝聚力；另一方面，职业道德又可以调节从业人员与服务对象之间的关系，用来塑造本职业从业人员的社会形象。

企业是具有社会性的经济组织，在企业内部存在着各种复杂的关系，这些关系既有相互协调的一面，也有矛盾冲突的一面，如果解决不好，将会影响企业的凝聚力。这就要求企业所有的员工具有较高的职业道德觉悟，从大局出发，光明磊落、相互谅解、相互宽容、相互信赖、同舟共济，而不能意气用事、互相拆台。企业内部上下级之间、部门之间、员工之间团结协作，使企业真正成为一个具有社会主义精神风貌的和谐集体。

（3）加强职业道德是提高企业竞争力的必要措施

当前市场竞争激烈，各行各业都讲经济效益，要求企业的经营者在竞争中不断开拓创新。但行业之间为了自身的利益，会产生很多新的矛盾，形成自我力量的抵消，使一些企业的经营者在竞争中单纯追求利润、产值，不求质量，或者以次充好、以假乱真，不顾社会效益，损害国家、人民和消费者的利益，企业得到的只能是短暂的收益，失去的是消费者的信任，也就失去了生存和发展的源泉，难以在竞争的激流中屹立不倒。在企业中加强职业道德使得企业在追求自身利润的同时，又能创造好的社会效益，从而提升企业形象，赢得持久而稳定的市场份额；同时，也使企业内部员工之间相互尊重、相互信任、相互合作，从而提高企业凝聚力，企业方能在竞争中稳步发展。

（4）加强职业道德是个人健康发展的基本保障

市场经济对于职业道德建设有其积极一面，也有消极的一面，它的自发性、自由性、注重经济效益的特性，导致一些人"一切向钱看"，唯利是图，不择手段追求经济效益，从而走入歧途，断送前程。提高从业人员的道德素质，树立职业理想，增强职业责任感，形成良好的职业行为，抵抗物欲诱惑，不被利欲所熏心，才能脚踏实地在本行业中追求进步。在社会主义市场经济条件下，只有具备职业道德精神的从业人员，才能在社会中站稳脚跟，成为社会的栋梁之材，在为社会创造效益的同时，也保障了自身的健康发展。

（5）加强职业道德是提高全社会道德水平的重要手段

职业道德是整个社会道德的主要内容，它一方面涉及每个从业者如何对待职业，如何对待工作，同时也是一个从业人员的生活态度、价值观念的表现，是一个人的道德意识和道德行为发展到成熟阶段的体现，具有较强的稳定性和连续性。另一方面，职业道德也是一个职业集体甚至一个行业全体人员的行为表现，如果每个行业、每个职业集体都具备优良的道德，那么对整个社会道德水平的提高就会发挥重要作用。

第三节　建设行业职业道德建设

1. 加强职业道德建设，践行社会主义核心价值观

"国无德不兴，人无德不立。"习近平总书记指出："核心价值观，其实就是一种德，既是个人的德，也是一种大德，就是国家的德、社会的德。"因此，"必须加强全社会的思想道德建设，激发人们形成善良的道德意愿、道德情感，培育正确的道德判断和道德责任，提高道德实践能力尤其是自觉践行能力，引导人们向往和追求讲道德、尊道德、守道德的生活，形成向上的力量、向善的力量。"培育社会主义核心价值观，首先要培植一种有益于国家、社会、他人的道德。

党的十八大提出，倡导富强、民主、文明、和谐，倡导自由、平等、公正、法治，倡导爱国、敬业、诚信、友善，积极培

育和践行社会主义核心价值观。富强、民主、文明、和谐是国家层面的价值目标，自由、平等、公正、法治是社会层面的价值取向，爱国、敬业、诚信、友善是公民个人层面的价值准则。"富强、民主、文明、和谐；自由、平等、公正、法治；爱国、敬业、诚信、友善"，这24个字是社会主义核心价值观的基本内容。践行社会主义核心价值观对于道德建设具有重要的指导意义，而加强道德建设又对践行社会主义核心价值观发挥着基础性作用，二者互有联系，相辅相成。

建设行业是社会主义现代化建设中的一个十分重要的行业。工厂、住宅、学校、商店、医院、体育场馆、文化娱乐设施等的建设，都离不开建设行业，它以满足人民群众日益增长的物质文化生活需要为出发点。建设行业职业道德是社会主义核心价值观、社会主义道德规范在建设行业的具体体现。

2. 结合建设行业特点和现实，加强职业道德建设

（1）职业道德建设的行业特点

以建设行业中建筑为例，专业多、岗位多、从业人员多且普遍文化程度较低、综合素质相对不高；条件艰苦，任务繁重，露天作业、高处作业，常年日晒雨淋，生产生活场所条件艰苦，安全设施落后和不足，作业存在安全隐患，安全事故频发；施工涉及面大，人员流动性强，四海为家，四处奔波，难以接受长期定点的培训教育；工种之间联系紧密，各专业、各工种、各岗位前后延续共同完成工程的建设；具有较强的社会性，一座建筑物凝聚了多方面的努力，体现了其社会价值和经济价值。同时，随着国民经济的发展，建筑行业地位和作用也越来越重要，行业发展关乎国计民生。因此，对从业人员开展及时的、各类形式灵活多样的教育培训，提高道德素质、文化水平、专业知识和职业技能；结合行业特点，加强团结协作教育、服务意识教育和职业道德教育，一切为了社会广大人民和子孙后代的利益，坚持社会主义、集体主义原则，严谨务实，艰苦奋斗、多出精品优质工程，体现其社会价值和经济价值尤为重要。

（2）职业道德建设的行业现实

一个建筑物的诞生或一项工程的竣工需要有良好的设计、周密的施工、合格的建筑材料和严格的检验与监督。近几年来，出现设计结构不合理，计算偏差，不考虑相关因素的情况，埋下重大隐患；施工过程中秩序混乱；建筑材料伪劣产品层出不穷；金钱、人情关系扰乱工程安全质量监督，质量安全事故屡见不鲜。作为百年大计的工程建设产品，如果质量差，损失和危害将无法估量。例如5·12汶川大地震中某些倒塌的问题房屋，杭州地铁坍塌，上海、石家庄在建楼房倒塌楼事件等。造成这些问题的因素很多，但是道德因素是其中最重要的因素之一。再如，面对激烈的市场竞争，一些建筑企业为了拿到工程项目，使用各种手段，其中手段之一就是盲目压价，用根本无法完成工程的价格去投标。中标后就在设计、施工、材料等方面做文章，启用非法设计人员搞黑设计；施工中偷工减料；材料上买低价伪劣产品，最终，使建筑物的"百年大计"大大打了折扣。因此，大力加强建设行业职业道德建设，营造市场经济良好环境，经济效益和社会效益并重尤为紧迫。

3. 建设行业职业道德要求

根据住房和城乡建设部发布的《建筑业从业人员职业道德规范（试行）》，对建筑从业人员共同职业道德规范要求如下：

（1）热爱事业，尽职尽责

热爱建筑事业，安心本职工作，树立职业责任感和荣誉感，发扬主人翁精神，尽职尽责，在生产中不怕苦，勤勤恳恳，努力完成任务。

（2）努力学习，苦练硬功

努力学文化，学知识，刻苦钻研技术，熟练掌握本工种的基本技能，练就一身过硬本领。努力学习和运用先进的施工方法，钻研建筑新技术、新工艺、新材料。

（3）精心施工，确保质量

树立"百年大计、质量第一"的思想，按设计图纸和技术规范精心操作，确保工程质量，用优良的成绩树立建筑工人形象。

（4）安全生产，文明施工

树立安全生产意识，严格安全操作规程，杜绝一切违章作业现象，确保安全生产无事故。维护施工现场整洁，在争创安全文明标准化现场管理中作出贡献。

（5）节约材料，降低成本

发扬勤俭节约优良传统，在操作中珍惜一砖一木，合理使用材料，认真做好落手清、现场清，及时回收材料，努力降低工程成本。

（6）遵章守纪，维护公德

要争做文明员工，模范遵守各项规章制度，发扬团结互助精神，尽力为其他工种提供方便。

4. 特种作业人员职业道德核心内容

（1）安全第一

坚持"生产必须安全，安全为了生产"的意识，严格遵守操作规程。操作人员要强化安全意识，认真执行安全生产的法律、法规、标准和规范，严格执行操作规程和程序，杜绝一切违章作业，不野蛮施工，不乱堆乱扔。

（2）诚实守信

诚实守信作为社会主义职业道德的基本规范，是和谐社会发展的必然要求，它不仅是建设领域职工安身立命的基础，也是企业赖以生存和发展的基石。操作人员要言行一致，表里如一，真实无欺，相互信任，遵守诺言，忠实地履行自己应当承担的责任和义务。

（3）爱岗敬业

爱岗就是热爱自己的工作岗位，敬业就是要用一种恭敬严肃的态度对待自己的工作。操作人员应当热爱本职工作，不怕苦、不怕累，认真负责，集中精力，精心操作，密切配合其他工种施工，确保工程质量，使工程如期完成。这是社会对每个从业者的要求，更应当是每个从业者对自己的自觉约束。

（4）钻研技术

操作人员要努力学习科学文化知识，刻苦钻研专业技术，苦练硬功，扎实工作，熟练掌握本工作的基本技能，努力学习和运用先进的施工方法，精通本岗位业务，不断提高业务能力。

（5）保护环境

文明操作，防止损坏他人和国家财产。讲究施工环境优美，做到优质、高效、低耗。做到不乱排污水，不乱倒垃圾，不影响交通，不扰民施工。

第二章 建筑施工特种作业人员和管理

第一节 建筑施工特种作业

1. 建筑施工特种作业概念

建筑施工特种作业人员是指在房屋建筑和市政工程施工活动中，从事对本人、他人的生命健康及周围设施的安全可能造成重大危害的作业人员。

特种作业有着不同的危险因素，《中华人民共和国安全生产法》规定：生产经营单位的特种作业人员必须按照国家有关规定经专门的安全作业培训，取得相应资格，方可上岗作业。

2. 建筑施工特种作业工种

（1）住房城乡建设部《建筑施工特种作业人员管理规定》（建质〔2008〕75号）所确定的建筑施工特种作业人员包括：

1）建筑电工。

2）建筑架子工。

3）建筑起重信号司索工。

4）建筑起重机械司机。

5）建筑起重机械安装拆卸工。

6）高处作业吊篮安装拆卸工。

7）经省级以上人民政府建设主管部门认定的其他特种作业。

（2）《江苏省建筑施工特种作业人员管理暂行办法》（苏建管质〔2009〕5号），规定了江苏省的建筑施工特种作业人员包括：

1）建筑电工。

2）建筑架子工。

3）建筑起重信号司索工。

4）建筑起重机械司机。

5）建筑起重机械安装拆卸工。

6）高处作业吊篮安装拆卸工。

7）建筑焊工。

8）建筑起重机械安装质量检验工。

9）桩机操作工。

10）建筑混凝土泵操作工。

11）建筑施工现场场内机动车司机。

12）其他特种作业人员。

目前，江苏省又将"建筑施工现场场内机动车司机"细分为："建筑施工现场场内叉车司机""建筑施工现场场内装载机司机""建筑施工现场场内翻斗车司机""建筑施工现场场内推土机司机""建筑施工现场场内挖掘机司机""建筑施工现场场内压路机司机""建筑施工现场场内平地机司机""建筑施工现场场内沥青混凝土摊铺机司机"等。

第二节　建筑施工特种作业人员

按照住房和城乡建设部与江苏省建设行政主管部门的规定，从事建筑施工特种作业的人员应当取得建筑施工特种作业人员操作资格证书，方可上岗从事相应作业。

1. 年龄及身体要求

年满 18 周岁且符合相应特种作业规定的年龄要求。

近 3 个月内经二级乙等以上医院体检合格且无听觉障碍、无色盲，无妨碍从事本工种的疾病（如癫痫病、高血压、心脏病、眩晕症、精神病和突发性昏厥症等）和生理缺陷。

2. 学历要求

初中及以上学历。其中，报考建筑起重机械安装质量检验工（塔式起重机、施工升降机）的人员，应符合下列条件之一：

（1）具有工程机械（建筑机械）类、电气类大专以上学历或工程机械（建筑机械）类、电气类、安全工程类助理工程师任职资格，并从事起重机设计、制造、安装调试、维修、操作、检验工作 2 年及其以上。

（2）具有工程机械（建筑机械）类、电气类中专、理工科（非起重专业）大专以上学历或工程机械（建筑机械）类、电气类、安全工程类技术员任职资格，并从事起重机设计、制造、安装调试、维修、操作、检验工作 3 年及其以上。

（3）具有高中学历并从事起重机设计、制造、安装调试、维修、操作、检验工作 5 年及其以上。

3. 考核要求

（1）报名

全省建筑施工特种作业人员考核、发证及管理系统集成在"江苏省建筑业监管信息平台 2.0"上。建筑施工企业人员可由企业统一组织通过监管信息平台直接报名，非建筑施工企业人员向所在地考核基地报名，填报相应工种，经市县建设（筑）主管部门资格审查合格后，到经省建设行政主管部门认定的建筑施工特种作业考核基地，进行培训后参加考核。

凡申请考核、延期复核、换证的人员均须进行二代身份证信息和指静脉信息采集。采集入库的二代身份证和指静脉信息，将作为今后个人进行考核、延期复核、换证、查验的依据，如信息不吻合，将影响上述有关事项的办理。

企业可自行采集本企业申报人员二代身份证信息，指纹信息须由申报人员至考核基地进行现场采集。

（2）考核

建筑施工特种作业人员考核包括安全技术理论和安全操作技能。

考核内容分掌握、熟悉、了解三类。其中掌握即要求能运用相关特种作业知识解决实际问题；熟悉即要求能较深理解相关特种作业安全技术知识；了解即要求具有相关特种作业的基本知识。

（3）考核办法

1）安全技术理论考核。采用无纸化网络闭卷考试方式，考试时间为 2 小时，实行百分制，60 分为合格。其中，安全生产基本知识占 25%、专业基础知识占 25%、专业技术理论占 50%。

2）安全操作技能考核。采用实际操作（或模拟操作）、口试等方式，考核实行百分制，70 分为合格。

3）参考人员在安全技术理论考核合格后，方可参加实际操作技能考核。同一工种的实操考核时间不得早于理论考核时间，在实际操作技能考核合格后，可以取得相应的建筑施工特种作业人员操作资格。

4. 发证

（1）按照住房城乡建设部《建筑施工特种作业人员管理规定》（建质〔2008〕75 号）的规定，考核发证机关对于考核合格的，应当自考核结果公布之日起 10 个工作日内颁发资格证书。资格证书采用国务院建设主管部门统一规定的式样，由考核发证机关编号后签发。资格证书在全国通用。

（2）江苏省建设行政主管部门从 2017 年下半年开始，试行发放"电子证书"。此项工作得到了住房和城乡建设部的同意。2017 年 10 月 18 日，江苏省政务服务管理办公室与省住房和城乡建设厅联合发文《关于启用住房城乡建设领域从业人员考核合格电子证书使用的有关通知》（省政务办发〔2017〕66 号），文件规定从 2017 年 12 月 1 日起，全面启用电子证书，停发同名纸质证书。根据《中华人民共和国电子签名法》规定，可靠的电子证书具备与同名纸质证书相同效力。省住房和城乡建设厅核发的电子证书，各地在公共资源交易、资质核准予以认可。

（3）电子证书式样（图 2-1）。

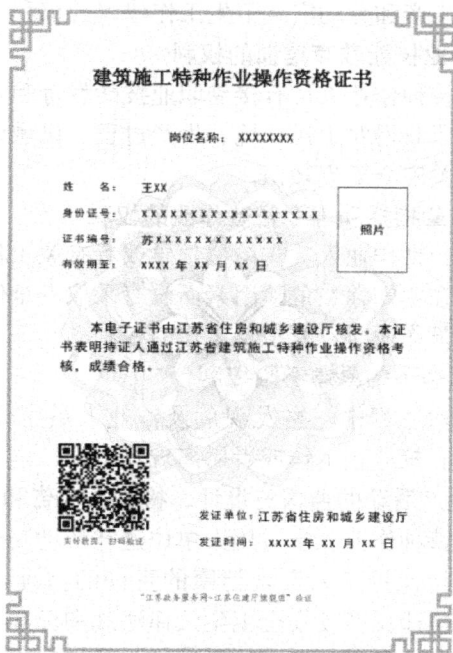

图 2-1　电子证书的样式

第三节　建筑施工特种作业人员的权利

1. 获得劳动安全卫生的保护权利

建筑施工特种作业人员有获得用人单位提供符合国家规定的劳动安全卫生条件和必要的劳动防护用品的权利；并且有要求按照规定获得职业病健康体检、职业病诊疗、康复等职业病防治服务的权利。

2. 对安全生产状况的知情、参与和建议的权利

建筑施工特种作业人员有获得所从事的特种作业，可能面临的任何潜在危险、职业危害，安全与健康可能造成的后果的知情权；有参与判别和解决所面临的劳动安全卫生问题的权利；有对本单位的安全生产和劳动安全卫生工作建议的权利。

3. 接受职业技能教育培训的权利

建筑施工特种作业人员有接受职业技能教育和安全生产知识培训的权利，以获得对工作环境、生产过程、机械设备和危险物质等方面的有关安全卫生知识。

4. 拒绝违章指挥和强令冒险作业的权利

建筑施工特种作业人员在单位领导或者有关工程技术人员违章指挥，或者在明知存在危险因素而没有采取安全保护措施，强迫命令操作人员作业时，有拒绝工作的权利。

5. 危险状态下的紧急避险权利

在生产劳动过程中，当发现危及作业人员生命安全的情况时，作业人员有权停止工作或者撤离现场。

6. 安全生产活动的监督与批评、检举、控告和申诉的权利

建筑施工特种作业人员对用人单位遵守劳动安全卫生法律法规和标准，履行保护工人安全健康的责任的情况，有监督的权利。对用人单位违反劳动安全卫生法律法规和标准，不履行其责任的情况，作业人员有批评、检举和控告的权利。在劳动保护等方面受到用人单位不公正待遇时，作业人员有向有关部门提出申诉的权利。

对作业人员的检举、控告和申诉，建设行政主管部门和其他有关部门应当查清事实，认真处理，不得压制和打击报复。

用人单位不得因作业人员对本单位安全生产工作提出批评、检举、控告或者拒绝违章指挥、强令冒险作业及向有关部门提出申诉而降低其工资、福利等待遇或者解除与其订立的劳动合同。

7. 依法获得工伤保险的权利

生产经营单位必须依法参加工伤社会保险，为从业人员缴纳保险费。建筑施工企业必须为从事危险作业的职工办理意外伤害保险，支付保险费。当作业人员发生工伤事故时，有权依法获得相关保险的权利。

第四节　建筑施工特种作业人员的义务

1. 遵守有关安全生产的法律、法规和规章的义务

建筑施工特种作业人员在施工活动中，应当遵守有关安全生产的法律、法规和规章。遵守建筑施工安全强制性标准和用人单位的规章制度，严格按照操作规程操作，做到不违规作业、不违章作业。

2. 提高职业技能和安全生产操作水平的义务

建筑施工特种作业人员面对建筑施工活动中的复杂性和多样性，要不断提高职业技能水平。在未上岗之前应参加岗前技能培训和安全生产操作能力的培训，掌握安全操作知识和技能，取得相应合格证书后方可上岗工作。已在工作岗位上的人员，还必须经常性地参加有关教育培训，熟练掌握本工种的各项安全操作技能，不断提高职业技能和安全生产操作水平。

3. 遵守劳动纪律的义务

建筑施工特种作业人员应严格遵守用人单位的劳动纪律。劳动纪律是用人单位为形成和维持生产经营秩序，保证劳动合同得以履行，要求全体员工在集体劳动、工作、生活过程中以及与劳动、工作紧密相关的其他过程中必须共同遵守的规则。

4. 发现事故隐患和其他不安全因素，立即报告的义务

建筑施工特种作业人员在施工现场直接承担具体的作业活动，更容易发现事故隐患或者其他不安全因素，一旦发现事故隐患或者其他不安全因素，作业人员应当立即向现场安全生产管理人员或者本单位负责人报告，不得隐瞒不报或者拖延报告。如果作业人员发现所报告的事故隐患或者其他不安全因素得不到解决，作业人员也可以越级上报。

5. 完成生产任务的义务

建筑施工特种作业人员完成合理的生产任务是应尽的义务，也是取得劳动报酬的基本条件。作业人员在完成合理生产任务的前提下，还应该保证质量，争做生产劳动的积极分子，为企业经济效益、为社会财富的积累、为国家的发展做出自己应有的贡献。

第五节　建筑施工特种作业人员的管理

根据住房和城乡建设部的规定，省、自治区、直辖市人民政府建设主管部门或者其委托的考核机构负责本行政区域内建筑施工特种作业人员的考核工作。

1. 建设行政主管部门的管理职责

（1）省建设行政主管部门的管理职责

1）负责全省范围内建筑施工特种作业人员的考核监督管理工作。

2）研究制定特种作业人员执业资格考核标准、考核大纲，建立相应工种的试题库。

3）认证特种作业人员执业资格考核基地。

4）负责特种作业人员执业资格考核工作的师资教育培训，监督管理考核考务工作。

5）负责特种作业人员执业证书的颁发和管理。

6）负责特种作业人员统计信息工作。

7）其他监督管理工作。

（2）受委托的市、县建设（筑）主管部门的管理职责

1）负责本行政区域内特种作业人员的监督管理工作，制定本地区特种作业人员考核发证管理制度，建立本地区特种作业人员档案。

2）负责考核基地的初审和考评人员的日常管理。

3）负责特种作业人员考核工作的组织实施。

4）负责特种作业人员考核、延期复核、换证的市、县分级审核。

5）负责特种作业人员执业继续教育。

6) 负责特种作业人员的统计信息工作。

7) 监督检查特种作业人员的从业活动，查处违章行为并记录在档。

8) 其他监督管理工作。

2. 用人单位的管理职责

（1）用人单位对于首次取得执业资格证书的人员，应当在其正式上岗前安排不少于 3 个月的实习操作。实习操作期间，用人单位应当指定专人指导和监督作业。实习操作期满经用人单位考核合格方可独立作业（所指定的专人应当从已取得相应特种作业资格证书、从事相关工作 3 年以上、无不良记录的熟练工中选取）。

（2）与持有效执业资格证书的特种作业人员订立劳动合同。

（3）制定并落实本单位特种作业安全操作规程和安全管理制度。

（4）书面告知特种作业人员违章操作的危害。

（5）向特种作业人员提供齐全、合格的安全防护用品和安全的作业条件。

（6）组织或者委托有能力的培训机构对本单位特种作业人员进行年度安全生产教育培训或者继续教育，时间不少于 24 小时。

（7）建立本单位特种作业人员管理档案。

（8）查处特种作业人员违章行为并记录在档。

（9）法律法规及有关规定明确的其他职责。

3. 特种作业人员应履行的职责

（1）严格遵守国家有关安全生产规定和本单位的规章制度，按照安全技术标准、规范和规程进行作业。

（2）正确佩戴和使用安全防护用品，并按规定对作业工具和设备进行维护保养。

（3）在施工中发生危及人身安全的紧急情况时，有权立即停止作业或者撤离危险区域，并向施工现场专职安全生产管理人员和项目负责人报告。

（4）自觉参加年度安全教育培训或者继续教育，每年不得少于 24 小时。

(5) 拒绝违章指挥，并制止他人违章作业。

(6) 法律法规及有关规定明确的其他职责。

4. 特种作业人员资格证书的延期

建筑施工特种作业人员执业资格证书有效期为 2 年。有效期满需要延期的，持证人员本人应当在期满前 3 个月内，向原市县考核受理机关提出申请，市县建设行政主管部门初审后，向省建设行政主管部门申请办理延期复核相关手续。延期复核合格的，证书有效期延期 2 年。

(1) 特种作业人员申请资格证书延期复核，应当提交下列材料：

1) 延期复核申请表。

2) 身份证（原件和复印件）。

3) 近 3 个月内由二级乙等以上医院出具的体检合格证明。

4) 年度安全教育培训证明和继续教育证明。

5) 用人单位出具的特种作业人员管理档案记录。

6) 规定提交的其他资料。

(2) 特种作业人员在资格证书有效期内，有下列情形之一的，延期复核结果为不合格：

1) 超过相关工种规定年龄要求的。

2) 身体健康状况不再适应相应特种作业岗位的。

3) 对生产安全事故负有直接责任的。

4) 2 年内违章操作记录达 3 次（含 3 次）以上的。

5) 未按规定参加年度安全教育培训或者继续教育的。

6) 规定的其他情形。

(3) 市县建设（筑）行政主管部门在接到特种作业人员提交的延期复核申请后，应当根据下列情况分别作出处理：

1) 对于不符合延期复核申请相关情形的，市县建设（筑）主管部门自收到延期复核资料之日起 5 个工作日内作出不予延期决定，并说明理由。

2）对于提交资料齐全且符合延期复审申请相关情形的，省建设行政主管部门自收到市县建设（筑）主管部门延期复核相关手续之日起 10 个工作日内办理准予延期复核手续。

（4）省建筑主管部门应当在资格证书有效期满前按相关规定作出决定，逾期未作出决定的，视为延期复核合格。

5. 特种作业人员资格证书的撤销与注销

（1）省建设行政主管部门对有下列情形之一的，应当撤销资格证书：

1）持证人弄虚作假骗取资格证书或者办理延期手续的。

2）工作人员违法核发资格证书的。

3）持证人员因安全生产责任事故承担刑事责任的。

4）规定应当撤销的其他情形。

（2）省建设行政主管部门对有下列情形之一的，应当注销资格证书

1）按规定不予延期的。

2）持证人逾期未申请办理延期复核手续的。

3）持证人死亡或者不具有完全民事行为能力的。

4）本人提出要求的。

5）规定应当注销的其他情形。

6. 特种作业人员管理的其他要求

（1）持有特种作业资格证书的执业人员，应当受聘于建筑施工企业或者建筑起重机械出租单位（以下简称用人单位），方可从事相应的特种作业。

（2）任何单位和个人不得非法涂改、倒卖、出租、出借或者以其他形式转让资格证书。

（3）特种作业人员变动工作单位，任何单位和个人不得以任何理由非法扣押其执业资格证书。

（4）各地应当建立举报制度，公开举报电话或者电子信箱，受理有关特种作业人员考核、发证以及延期复核的举报。对受理的举报，有关机关和工作人员应当及时妥善处理。

第三章 建筑施工安全生产相关法规及管理制度

第一节 建筑安全生产相关法律主要内容

《中华人民共和国宪法》规定：国家通过各种途径，创造劳动就业条件，加强劳动保护，改善劳动条件，并在发展生产的基础上，提高劳动报酬和福利待遇。

劳动是一切有劳动能力的公民的光荣职责。国有企业和城乡集体经济组织的劳动者都应当以国家主人翁的态度对待自己的劳动。国家提倡社会主义劳动竞赛，奖励劳动模范和先进工作者。

1.《中华人民共和国建筑法》相关内容

（1）建筑活动应当确保建筑工程质量和安全，符合国家的建筑工程安全标准。

（2）从事建筑活动应当遵守法律、法规，不得损害社会公共利益和他人的合法权益。

（3）建筑工程安全生产管理必须坚持安全第一、预防为主的方针，建立健全安全生产的责任制度和群防群治制度。

（4）建筑施工企业应当在施工现场采取维护安全、防范危险、预防火灾等措施；有条件的，应当对施工现场实行封闭管理。

施工现场对毗邻的建筑物、构筑物和特殊作业环境可能造成损害的，建筑施工企业应当采取安全防护措施。

（5）建筑施工企业应当遵守有关环境保护和安全生产的法律、法规的规定，采取控制和处理施工现场的各种粉尘、废气、废水、固体废物以及噪声、振动对环境的污染和危害的措施。

（6）建筑施工企业必须依法加强对建筑安全生产的管理，执行安全生产责任制度，采取有效措施，防止伤亡和其他安全生产事故的发生。

建筑施工企业的法定代表人对本企业的安全生产负责。

（7）施工现场安全由建筑施工企业负责。实行施工总承包的，由总承包单位负责。分包单位向总承包单位负责，服从总承包单位对施工现场的安全生产管理。

（8）建筑施工企业应当建立健全劳动安全生产教育培训制度，加强对职工安全生产的教育培训；未经安全生产教育培训的人员，不得上岗作业。

（9）建筑施工企业和作业人员在施工过程中，应当遵守有关安全生产的法律、法规和建筑行业安全规章、规程，不得违章指挥或者违章作业。作业人员有权对影响人身健康的作业程序和作业条件提出改进意见，有权获得安全生产所需的防护用品。作业人员对危及生命安全和人身健康的行为有权提出批评、检举和控告。

（10）建筑施工企业应当依法为职工参加工伤保险缴纳工伤保险费。鼓励企业为从事危险作业的职工办理意外伤害保险，支付保险费。

（11）施工中发生事故时，建筑施工企业应当采取紧急措施减少人员伤亡和事故损失，并按照国家有关规定及时向有关部门报告。

2. 《中华人民共和国安全生产法》相关内容

（1）生产经营单位必须遵守本法和其他有关安全生产的法律、法规，加强安全生产管理，建立、健全安全生产责任制和安全生产规章制度，改善安全生产条件，推进安全生产标准化建设，提高安全生产水平，确保安全生产。

（2）有关协会组织依照法律、行政法规和章程，为生产经营单位提供安全生产方面的信息、培训等服务，发挥自律作用，促进生产经营单位加强安全生产管理。

（3）国家实行生产安全事故责任追究制度，依照本法和有关法律、法规的规定，追究生产安全事故责任人员的法律责任。

（4）生产经营单位应当对从业人员进行安全生产教育和培训，保证从业人员具备必要的安全生产知识，熟悉有关的安全生产规章制度和安全操作规程，掌握本岗位的安全操作技能，了解事故应急处理措施，知悉自身在安全生产方面的权利和义务。未经安全生产教育和培训合格的从业人员，不得上岗作业。

（5）生产经营单位的特种作业人员必须按照国家有关规定经专门的安全作业培训，取得相应资格，方可上岗作业。

（6）生产经营单位应当建立健全生产安全事故隐患排查治理制度，采取技术、管理措施，及时发现并消除事故隐患。事故隐患排查治理情况应当如实记录，并向从业人员通报。

（7）承担安全评价、认证、检测、检验的机构应当具备国家规定的资质条件，并对其作出的安全评价、认证、检测、检验的结果负责。

（8）负有安全生产监督管理职责的部门应当建立举报制度，公开举报电话、信箱或者电子邮件地址，受理有关安全生产的举报；受理的举报事项经调查核实后，应当形成书面材料；需要落实整改措施的，报经有关负责人签字并督促落实。

（9）任何单位或者个人对事故隐患或者安全生产违法行为，均有权向负有安全生产监督管理职责的部门报告或者举报。

（10）新闻、出版、广播、电影、电视等单位有进行安全生产宣传教育的义务，有对违反安全生产法律、法规的行为进行舆论监督的权利。

3. 《中华人民共和国特种设备安全法》相关内容

（1）特种设备生产、经营、使用单位应当遵守本法和其他有关法律、法规，建立健全特种设备安全和节能责任制度，加强特种设备安全和节能管理，确保特种设备生产、经营、使用安全，符合节能要求。

（2）任何单位和个人有权向负责特种设备安全监督管理的部门和有关部门举报涉及特种设备安全的违法行为，接到举报的部门应当及时处理。

（3）特种设备生产、经营、使用单位及其主要负责人对其生产、经营、使用的特种设备安全负责。

特种设备生产、经营、使用单位应当按照国家有关规定配备特种设备安全管理人员、检测人员和作业人员，并对其进行必要的安全教育和技能培训。

（4）特种设备安全管理人员、检测人员和作业人员应当按照国家有关规定取得相应资格，方可从事相关工作。特种设备安全管理人员、检测人员和作业人员应当严格执行安全技术规范和管理制度，保证特种设备安全。

（5）特种设备使用单位应当建立岗位责任、隐患治理、应急救援等安全管理制度，制定操作规程，保证特种设备安全运行。

（6）特种设备使用单位应当建立特种设备安全技术档案。

安全技术档案应当包括以下内容：

1）特种设备的设计文件、产品质量合格证明、安装及使用维护保养说明、监督检验证明等相关技术资料和文件；

2）特种设备的定期检验和定期自行检查记录；

3）特种设备的日常使用状况记录；

4）特种设备及其附属仪器仪表的维护保养记录；

5）特种设备的运行故障和事故记录。

（7）特种设备的使用应当具有规定的安全距离、安全防护措施。

（8）特种设备使用单位应当对其使用的特种设备进行经常性维护保养和定期自行检查，并作出记录。

特种设备使用单位应当对其使用的特种设备的安全附件、安全保护装置进行定期校验、检修，并作出记录。

（9）特种设备使用单位应当按照安全技术规范的要求，在检验合格有效期届满前一个月向特种设备检验机构提出定期检验要求。

特种设备检验机构接到定期检验要求后，应当按照安全技术规范的要求及时进行安全性能检验。特种设备使用单位应当将定期检验标志置于该特种设备的显著位置。

未经定期检验或者检验不合格的特种设备，不得继续使用。

（10）特种设备安全管理人员应当对特种设备使用状况进行经常性检查，发现问题应当立即处理；情况紧急时，可以决定停止使用特种设备并及时报告本单位有关负责人。

特种设备作业人员在作业过程中发现事故隐患或者其他不安全因素，应当立即向特种设备安全管理人员和单位有关负责人报告；特种设备运行不正常时，特种设备作业人员应当按照操作规程采取有效措施保证安全。

（11）特种设备出现故障或者发生异常情况，特种设备使用单位应当对其进行全面检查，消除事故隐患，方可继续使用。

（12）负责特种设备安全监督管理的部门在依法履行监督检查职责时，可以行使下列职权：

1）进入现场进行检查，向特种设备生产、经营、使用单位和检验、检测机构的主要负责人和其他有关人员调查、了解有关情况；

2）根据举报或者取得的涉嫌违法证据，查阅、复制特种设备生产、经营、使用单位和检验、检测机构的有关合同、发票、账簿以及其他有关资料；

3）对有证据表明不符合安全技术规范要求或者存在严重事故隐患的特种设备实施查封、扣押；

4）对流入市场的达到报废条件或者已经报废的特种设备实施查封、扣押；

5）对违反本法规定的行为作出行政处罚决定。

（13）特种设备使用单位应当制定特种设备事故应急专项预案，并定期进行应急演练。

（14）特种设备发生事故后，事故发生单位应当按照应急预案采取措施，组织抢救，防止事故扩大，减少人员伤亡和财产损失，保护事故现场和有关证据，并及时向事故发生地县级以上人民政府负责特种设备安全监督管理的部门和有关部门报告。

与事故相关的单位和人员不得迟报、谎报或者瞒报事故情况，不得隐匿、毁灭有关证据或者故意破坏事故现场。

4. 《中华人民共和国劳动合同法》相关内容

（1）用人单位自用工之日起即与劳动者建立劳动关系。用人单位应当建立职工名册备查。

（2）用人单位招用劳动者时，应当如实告知劳动者工作内容、工作条件、工作地点、职业危害、安全生产状况、劳动报酬，以及劳动者要求了解的其他情况；用人单位有权了解劳动者与劳动合同直接相关的基本情况，劳动者应当如实说明。

（3）用人单位招用劳动者，不得扣押劳动者的居民身份证和其他证件，不得要求劳动者提供担保或者以其他名义向劳动者收取财物。

（4）建立劳动关系，应当订立书面劳动合同。

已建立劳动关系，未同时订立书面劳动合同的，应当自用工之日起一个月内订立书面劳动合同。

用人单位与劳动者在用工前订立劳动合同的，劳动关系自用工之日起建立。

（5）劳动合同无效或者部分无效的情形：

1）以欺诈、胁迫的手段或者乘人之危，使对方在违背真实意思的情况下订立或者变更劳动合同的；

2）用人单位免除自己的法定责任、排除劳动者权利的；

3）违反法律、行政法规强制性规定的。

对劳动合同的无效或者部分无效有争议的，由劳动争议仲裁机构或者人民法院确认。

（6）用人单位应当按照劳动合同约定和国家规定，向劳动者及时足额支付劳动报酬。

用人单位拖欠或者未足额支付劳动报酬的，劳动者可以依法向当地人民法院申请支付令，人民法院应当依法发出支付令。

（7）用人单位应当严格执行劳动定额标准，不得强迫或者变相强迫劳动者加班。用人单位安排加班的，应当按照国家有关规定向劳动者支付加班费。

(8) 劳动者拒绝用人单位管理人员违章指挥、强令冒险作业的，不视为违反劳动合同。

劳动者对危害生命安全和身体健康的劳动条件，有权对用人单位提出批评、检举和控告。

5. 《中华人民共和国刑法》相关内容

(1)【重大责任事故罪】在生产、作业中违反有关安全管理的规定，因而发生重大伤亡事故或者造成其他严重后果的，处三年以下有期徒刑或者拘役；情节特别恶劣的，处三年以上七年以下有期徒刑。

(2)【强令违章冒险作业罪】强令他人违章冒险作业，因而发生重大伤亡事故或者造成其他严重后果的，处五年以下有期徒刑或者拘役；情节特别恶劣的，处五年以上有期徒刑。

(3)【重大劳动安全事故罪】安全生产设施或者安全生产条件不符合国家规定，因而发生重大伤亡事故或者造成其他严重后果的，对直接负责的主管人员和其他直接责任人员，处三年以下有期徒刑或者拘役；情节特别恶劣的，处三年以上七年以下有期徒刑。

(4)【工程重大安全事故罪】建设单位、设计单位、施工单位、工程监理单位违反国家规定，降低工程质量标准，造成重大安全事故的，对直接责任人员，处五年以下有期徒刑或者拘役，并处罚金；后果特别严重的，处五年以上十年以下有期徒刑，并处罚金。

(5)【消防责任事故罪】违反消防管理法规，经消防监督机构通知采取改正措施而拒绝执行，造成严重后果的，对直接责任人员，处三年以下有期徒刑或者拘役；后果特别严重的，处三年以上七年以下有期徒刑。

(6)【不报、谎报安全事故罪】在安全事故发生后，负有报告职责的人员不报或者谎报事故情况，贻误事故抢救，情节严重的，处三年以下有期徒刑或者拘役；情节特别严重的，处三年以上七年以下有期徒刑。

第二节　建筑安全生产相关法规主要内容

1. 《建设工程安全生产管理条例》

该条例规定了施工单位的相关安全责任，包括：依法取得资质和承揽工程；建立健全安全生产制度和操作规程；保证本单位安全生产条件所需资金的投入；设立安全生产管理机构，配备专职安全生产管理人员；总承包单位对施工现场的安全生产负总责；总承包单位和分包单位对分包工程的安全生产承担连带责任；特种作业人员必须按照国家有关规定经过专门的安全作业培训，并取得特种作业操作资格证书；施工单位的施工组织设计及专项施工方案管理责任；建设工程施工安全技术交底责任；施工现场、办公、生活区安全文明管理责任；相邻建筑物及环保管理责任；施工现场防火管理责任；施工作业人员安全防护及劳保管理责任；施工机械管理责任；施工单位的主要负责人、项目负责人、专职安全生产管理人员任职管理责任；施工单位对管理人员和作业人员的安全生产教育培训管理责任；施工单位应当为施工现场从事危险作业的人员办理意外伤害保险等相关安全责任。

相关内容：

（1）垂直运输机械作业人员、安装拆卸工、爆破作业人员、起重信号工、登高架设作业人员等特种作业人员，必须按照国家有关规定经过专门的安全作业培训，并取得特种作业操作资格证书后，方可上岗作业。

（2）施工单位应当在施工现场入口处、施工起重机械、临时用电设施、脚手架、出入通道口、楼梯口、电梯井口、孔洞口、桥梁口、隧道口、基坑边沿、爆破物及有害危险气体和液体存放处等危险部位，设置明显的安全警示标志。安全警示标志必须符合国家标准。

施工单位应当根据不同施工阶段和周围环境及季节、气候的变化，在施工现场采取相应的安全施工措施。施工现场暂时停止施工的，施工单位应当做好现场防护，所需费用由责任方承担，或者按照合同约定执行。

（3）施工单位应当向作业人员提供安全防护用具和安全防护服装，并书面告知危险岗位的操作规程和违章操作的危害。

作业人员有权对施工现场的作业条件、作业程序和作业方式中存在的安全问题提出批评、检举和控告，有权拒绝违章指挥和强令冒险作业。

在施工中发生危及人身安全的紧急情况时，作业人员有权立即停止作业或者在采取必要的应急措施后撤离危险区域。

2.《生产安全事故报告和调查处理条例》

该条例对事故报告，事故调查，事故等级及事故处理作出了如下规定：

（1）根据生产安全事故（以下简称事故）造成的人员伤亡或者直接经济损失，事故一般分为以下等级：

1）特别重大事故，是指造成 30 人（含 30 人）以上死亡，或者 100 人（含 100 人）以上重伤（包括急性工业中毒，下同），或者 1 亿元（含 1 亿元）以上直接经济损失的事故；

2）重大事故，是指造成 10 人（含 10 人）以上 30 人以下死亡，或者 50 人（含 50 人）以上 100 人以下重伤，或者 5000 万元（含 5000 万元）以上 1 亿元以下直接经济损失的事故；

3）较大事故，是指造成 3 人（含 3 人）以上 10 人以下死亡，或者 10 人（含 10 人）以上 50 人以下重伤，或者 1000 万元（含 1000 万元）以上 5000 万元以下直接经济损失的事故；

4）一般事故，是指造成 3 人以下死亡，或者 10 人以下重伤，或者 1000 万元以下直接经济损失的事故。

（2）事故发生后，事故现场有关人员应当立即向本单位负责人报告；单位负责人接到报告后，应当于 1 小时内向事故发生地县级以上人民政府安全生产监督管理部门和负有安全生产监督管理职责的有关部门报告。

情况紧急时，事故现场有关人员可以直接向事故发生地县级以上人民政府安全生产监督管理部门和负有安全生产监督管理职责的有关部门报告。

（3）事故调查组有权向有关单位和个人了解与事故有关的情况，并要求其提供相关文件、资料，有关单位和个人不得拒绝。

事故发生单位的负责人和有关人员在事故调查期间不得擅离职守，并应当随时接受事故调查组的询问，如实提供有关情况。

事故调查中发现涉嫌犯罪的，事故调查组应当及时将有关材料或者其复印件移交司法机关处理。

3. 《特种设备安全监察条例》

（1）特种设备生产、使用单位应当建立健全特种设备安全、节能管理制度和岗位安全、节能责任制度。

特种设备生产、使用单位的主要负责人应当对本单位特种设备的安全和节能全面负责。

特种设备生产、使用单位和特种设备检验检测机构，应当接受特种设备安全监督管理部门依法进行的特种设备安全监察。

（2）特种设备出现故障或者发生异常情况，使用单位应当对其进行全面检查，消除事故隐患后，方可重新投入使用。

（3）特种设备使用单位应当对特种设备作业人员进行特种设备安全、节能教育和培训，保证特种设备作业人员具备必要的特种设备安全、节能知识。

特种设备作业人员在作业中应当严格执行特种设备的操作规程和有关的安全规章制度。

（4）特种设备作业人员在作业过程中发现事故隐患或者其他不安全因素，应当立即向现场安全管理人员和单位有关负责人报告。

第三节　建筑安全生产相关规章及
规范性文件主要内容

1.《建筑起重机械安全监督管理规定》

（1）使用单位应当履行下列安全职责：

1）根据不同施工阶段、周围环境以及季节、气候的变化，对建筑起重机械采取相应的安全防护措施；

2）制定建筑起重机械生产安全事故应急救援预案；

3）在建筑起重机械活动范围内设置明显的安全警示标志，对集中作业区做好安全防护；

4）设置相应的设备管理机构或者配备专职的设备管理人员；

5）指定专职设备管理人员、专职安全生产管理人员进行现场监督检查；

6）建筑起重机械出现故障或者发生异常情况的，立即停止使用，消除故障和事故隐患后，方可重新投入使用。

（2）使用单位应当对在用的建筑起重机械及其安全保护装置、吊具、索具等进行经常性和定期的检查、维护和保养，并做好记录。

（3）禁止擅自在建筑起重机械上安装非原制造厂制造的标准节和附着装置。

（4）建筑起重机械特种作业人员应当遵守建筑起重机械安全操作规程和安全管理制度，在作业中有权拒绝违章指挥和强令冒险作业，有权在发生危及人身安全的紧急情况时立即停止作业或者采取必要的应急措施后撤离危险区域。

（5）建筑起重机械安装拆卸工、起重信号工、起重司机、司索工等特种作业人员应当经建设主管部门考核合格，并取得特种作业操作资格证书后，方可上岗作业。

省、自治区、直辖市人民政府建设主管部门负责组织实施建筑施工企业特种作业人员的考核。

2. 《危险性较大的分部分项工程安全管理办法》

该办法对危险性较大的分部分项工程，即房屋建筑和市政基础设施工程在施工过程中，容易导致人员群死群伤或者造成重大经济损失的分部分项工程的前期保障、专项施工方案、现场安全管理及监督管理明确了具体要求。

（1）施工单位应当在施工现场显著位置公告危大工程名称、施工时间和具体责任人员，并在危险区域设置安全警示标志。

（2）专项施工方案实施前，编制人员或者项目技术负责人应当向施工现场管理人员进行方案交底。

施工现场管理人员应当向作业人员进行安全技术交底，并由双方和项目专职安全生产管理人员共同签字确认。

（3）施工单位应当对危大工程施工作业人员进行登记，项目负责人应当在施工现场履职。

项目专职安全生产管理人员应当对专项施工方案实施情况进行现场监督，对未按照专项施工方案施工的，应当要求立即整改，并及时报告项目负责人，项目负责人应当及时组织限期整改。

施工单位应当按照规定对危大工程进行施工监测和安全巡视，发现危及人身安全的紧急情况，应当立即组织作业人员撤离危险区域。

（4）危大工程发生险情或者事故时，施工单位应当立即采取应急处置措施，并报告工程所在地住房和城乡建设主管部门。建设、勘察、设计、监理等单位应当配合施工单位开展应急抢险工作。

第四章　建筑施工安全防护基本知识

第一节　个人安全防护用品的使用

1. 安全帽

安全帽是对人的头部受坠落物及其他特定因素引起的伤害起防护作用的防护用品。由帽壳、帽衬、下颌带和帽箍等组成。

施工现场工人必须佩戴安全帽。

（1）安全帽的作用

主要是为了保护头部不受到伤害，并在出现以下几种情况时保护人的头部不受伤害或降低头部受伤害的程度。

1）飞来或坠落下来的物体击向头部时；

2）当作业人员从 2m 及以上的高处坠落下来时；

3）当头部有可能触电时；

4）在低矮的部位行走或作业，头部有可能碰到尖锐、坚硬的物体时。

（2）安全帽佩戴注意事项

安全帽的佩戴要符合标准，使用应符合规定。佩戴时要注意下列事项：

1）戴安全帽前应将调整带按自己头型调整到适合的位置，然后将帽内弹性带系牢。缓冲衬垫的松紧由带子调节，人的头顶和帽体内顶部的空间垂直距离一般在 25～50mm 之间，这样才能保证当遭受到冲击时，帽体有足够的空间可供缓冲，平时也有利于头和帽体间的通风。

2）不要把安全帽歪戴，也不要把帽檐戴在脑后方，否则，会降低安全帽对于冲击的防护作用。

3）为充分发挥保护力，安全帽佩戴时必须按头围的大小调整帽箍并系紧下颌带。

4）安全帽体顶部除了在帽体内部安装了帽衬外，有的还开了小孔通风。但在使用时不要为了透气而随便再行开孔，因为这样会降低帽体的强度。

5）安全帽要定期检查。检查有没有龟裂、下凹、裂痕和磨损等情况，发现异常现象要立即更换，不准再继续使用。任何受过重击、有裂痕的安全帽，不论有无损坏现象，均应报废。

6）在现场室内作业也要戴安全帽，特别是在室内带电作业时，更要认真戴好安全帽，因为安全帽不但可以防碰撞，而且还能起到绝缘作用。

7）平时使用安全帽时应保持整洁，不能接触火源，不要任意涂刷油漆，不准当凳子坐。如果丢失或损坏，必须立即补发或更换，无安全帽一律不准进入施工现场。

2. 安全带

安全带是用于防止高处作业人员发生坠落或发生坠落后将作业人员安全悬挂的个体防护装备，主要由安全绳、缓冲器、主带、辅带等部件组成。

为了防止作业者在某个高度和位置上可能出现的坠落，作业者在登高和高处作业时，必须系挂好安全带。安全带的使用和维护有以下几点要求：

（1）高处作业施工前，应对作业人员进行安全技术教育及交底，并应配备相应防护用品。作业人员应从思想上重视安全带的作用，作业前必须按规定要求系好安全带。

（2）安全带在使用前要检查各部位是否完好无损，所有零部件应顺滑，无材料或制造缺陷，无尖角或锋利边缘。

（3）挂点强度应满足安全带的负荷要求，挂点不是安全带的组成部分，但同安全带的使用密切相关。高处作业如无固定挂点，应采用适当强度的钢丝绳或采取其他方法悬挂。禁止挂在移动或带尖锐棱角或不牢固的物件上。

（4）高挂低用。将安全带挂在高处，人在下面工作就叫高挂低用。它可以使坠落发生时的实际冲击距离减小。与之相反的是低挂高用。因为当坠落发生时，实际冲击的距离会加大，人和绳都要受到较大的冲击负荷。所以安全带必须高挂低用，严禁低挂高用。

（5）安全带保护套要保持完好，以防绳被磨损。若发现保护套损坏或脱落，必须加上新套后再使用。

（6）安全带严禁擅自接长使用。如果使用 3m 及以上的长绳时必须要加缓冲器，各部件不得任意拆除。

（7）安全带在使用后，要注意维护和保管。要经常检查安全带缝制部分和挂钩部分，必须详细检查捻线是否发生裂断和残损等。

（8）安全带不使用时要妥善保管，不可接触高温、明火、强酸、强碱或尖锐物体，不要存放在潮湿的仓库中。

（9）安全带在使用两年后应抽验一次，频繁使用应经常进行外观检查，发现异常必须立即更换。定期或抽样试验用过的安全带，不准再继续使用。

3. 防护服

建筑施工现场作业人员应穿着工作服。焊工的工作服一般为白色，其他工种的工作服没有颜色的限制。

（1）防护服的分类

建筑施工现场的防护服主要有以下几类：

1）全身防护型工作服；

2）防毒工作服；

3）耐酸工作服；

4）耐火工作服；

5）隔热工作服；

6）通气冷却工作服；

7）通水冷却工作服；

8）防射线工作服；

9）劳动防护雨衣；

10）普通工作服。

（2）防护服的穿着

施工现场对作业人员防护服的穿着要求主要有：

1）作业人员作业时必须穿着工作服；

2）操作转动机械时，袖口必须扎紧；

3）从事特殊作业的人员必须穿着特殊作业防护服；

4）焊工工作服应是白色帆布制作。

4．防护鞋

防护鞋的种类比较多，应根据作业场所和内容的不同选择使用。电力建设施工现场上常用的有绝缘鞋（靴）、焊接防护鞋、耐酸碱橡胶靴及皮安全鞋等。

对绝缘鞋（靴）的要求有：

（1）必须在规定的电压范围内使用；

（2）绝缘鞋（靴）胶料部分无破损，且每半年作一次预防性试验；

（3）在浸水、油、酸、碱等条件上不得作为辅助安全用具使用。

5．防护手套

使用防护手套时，必须对工件、设备及作业情况进行分析之后，选择适当材料制作、操作方便的手套，方能起到保护作用。施工现场上常用的防护手套有下列几种：

（1）劳动保护手套。具有保护手和手臂的功能，作业人员工作时一般都使用这类手套。

（2）带电作业用绝缘手套。要根据电压选择适当的手套，检查表面有无裂痕、发黏、发脆等缺陷，如有异常禁止使用。

（3）耐酸、耐碱手套。主要用于接触酸和碱时戴的手套。

（4）橡胶耐油手套。主要用于接触矿物油、植物油及脂肪簇的各种溶剂作业时戴的手套。

（5）焊工手套。电、火焊作业时戴的防护手套，应检查皮革或帆布表面有无僵硬、薄挡、洞眼等残缺现象，如有缺陷，不准使用。手套要有足够的长度，手腕部不能裸露在外边。

第二节　安全色与安全标志

安全色和安全标志是国家规定的两个传递安全信息的标准。尽管安全色和安全标志是一种消极的、被动的、防御性的安全警告装置，并不能消除、控制危险，不能取代其他防范安全生产事故的各种措施，但它们形象而醒目地向人们提供了禁止、警告、指令、提示等安全信息，对于预防安全生产事故的发生具有重要作用。

1. 安全色的概念

安全色，就是传递安全信息含义的颜色，包括红、蓝、黄、绿四种颜色。对比色，是使安全色更加醒目的反衬色，包括黑、白两种颜色。对比色要与安全色同时使用。

安全色适用于工业企业、交通运输、建筑、消防、仓库、医院及剧场等公共场所使用的信号和标志的表面色，不适用于灯光信号、航海、内河航运以及其他目的而使用的颜色。

2. 安全色的含义

安全色的红、蓝、黄、绿四种颜色，分别代表不同的含义。

（1）红色。表示禁止、停止、危险以及消防设备的意思。凡是禁止、停止、消防和有危险的器件或环境均应涂以红色的标记作为警示的信号。

（2）蓝色。表示指令，要求人们必须遵守的规定。

（3）黄色。表示提醒人们注意。凡是警告人们注意的器件、设备及环境都应以黄色表示。

（4）绿色。表示给人们提供允许、安全的信息。

（5）对比色与安全色同时使用。

（6）安全色与对比色的相间条纹：

红色与白色相间条纹——表示禁止人们进入危险环境。

黄色与黑色相间条纹——表示提示人们特别注意的意思。

蓝色和白色相间条纹——表示必须遵守规定的意思。

绿色和白色相间条纹——与提示标志牌同时使用，更为醒目地提示人们。

3. 安全色的使用

安全色的使用范围很广，可以使用在安全标志上，也可以直接使用在机械设备上；可以在室内使用，也可以在户外使用。如红色的，各种禁止标志；黄色的，各种警告标志；蓝色的，各种指令标志；绿色的，各种提示标志等。

安全色有规定的颜色范围，超出范围就不符合安全色的要求。颜色范围所规定的安全色是最不容易互相混淆的颜色。对比色是为了使安全色更加醒目而采用的反衬色，它的作用是提高物体颜色的对比度。

4. 安全标志的概念

安全标志是用以表达特定安全信息的标志，由图形符号、安全色、几何图形（边框）或文字构成。

安全标志适用于工矿企业、建筑工地、厂内运输和其他有必要提醒人们注意安全的场所。使用安全标志，能够引起人们对不安全因素的注意，从而达到预防事故、保证安全的目的。但是，安全标志的使用只是起到提示、提醒的作用，它不能代替安全操作规程，也不能代替其他的安全防护措施。

5. 安全标志的种类

安全标志分禁止标志、警告标志、指令标志和提示标志四大类型。

（1）禁止标志。禁止标志的含义是禁止人们不安全行为的图形标志。其基本形式是带斜杠的圆边框，采用红色作为安全色。

（2）警告标志。警告标志的基本含义是提醒人们对周围环境引起注意，以避免可能发生危险的图形标志。其基本形式是正三角形边框，采用黄色作为安全色。

（3）指令标志。指令标志的含义是强制人们必须做出某种动作或采用防范措施的图形标志。其基本形式是圆形边框，采用蓝色作为安全色。

（4）提示标志。提示标志的含义是向人们提供某种信息（如标明安全设施或场所等）的图形标志。其基本形式是正方形边框，采用绿色作为安全色。

第三节 高处作业安全知识

1. 高处作业的基本概念

凡在坠落高度基准面 2m 及以上，有可能坠落的高处进行的作业，均称为高处作业。

2. 建筑施工高处作业常见形式及安全措施

（1）临边作业

临边作业是指在工作面边沿无围护或围护设施高度低于 800mm 的高处作业，包括楼板边、楼梯段边、屋面边、阳台边及各类坑、沟、槽等边沿的高处作业。

1）进行临边作业时，应在临空一侧设置防护栏杆，并应采用密目式安全立网或工具式栏板封闭。

2）分层施工的楼梯口、楼梯平台和梯段边，应安装防护栏杆；外设楼梯口、楼梯平台和梯段边还应采用密目式安全立网封闭。

3）建筑物外围边沿处，应采用密目式安全立网进行全封闭，有外脚手架的工程，密目式安全立网应设置在脚手架外侧立杆上，并与脚手杆紧密连接；没有外脚手架的工程，应采用密目式安全立网将临边全封闭。

4）施工升降机、龙门架和井架物料提升机等各类垂直运输设备设施与建筑物间设置的通道平台两侧边，应设置防护栏杆、挡脚板，并应采用密目式安全立网或工具式栏板封闭。

5）各类垂直运输接料平台口应设置高度不低于 1.80m 的楼层防护门，并应设置防外开装置；多笼井架物料提升机通道中间，应分别设置隔离设施。

（2）洞口作业

洞口作业是指在地面、楼面、屋面和墙面等有可能使人和物料坠落，其坠落高度大于或等于 2m 的洞口处的高处作业。

在洞口作业时，应采取防坠落措施，并应符合下列规定：

1）当垂直洞口短边边长小于 500mm 时，应采取封堵措施；当垂直洞口短边边长大于或等于 500mm 时，应在临空一侧设置高度不小于 1.2m 的防护栏杆，并应采用密目式安全立网或工具式栏板封闭，设置挡脚板。

2）当非垂直洞口短边尺寸为 25～500mm 时，应采用承载力满足使用要求的盖板覆盖，盖板四周搁置应均衡，且应防止盖板移位。

3）当非垂直洞口短边边长为 500～1500mm 时，应采用专项设计盖板覆盖，并应采取固定措施。

4）当非垂直洞口短边长大于或等于 1500mm 时，应在洞口作业侧设置高度不小于 1.2m 的防护栏杆，并应采用密目式安全立网或工具式栏板封闭；洞口应采用安全平网封闭。

5）电梯井口应设置防护门，其高度不应小于 1.5m，防护门底端距地面高度不应大于 50mm，并应设置挡脚板。

6）在进入电梯安装施工工序之前，同时井道内应每隔 10m 且不大于 2 层加设一道水平安全网。电梯井内的施工层上部，应设置隔离防护设施。

7）施工现场通道附近的洞口、坑、沟、槽、高处临边等危险作业处，除应悬挂安全警示标志外，夜间应设灯光警示。

8）边长不大于 500mm 洞口所加盖板，应能承受不小于 1.1kN/m² 的荷载。

9）墙面等处落地的竖向洞口、窗台高度低于 800mm 的竖向洞口及框架结构在浇筑完混凝土没有砌筑墙体时的洞口，应按临边防护要求设置防护栏杆。

（3）攀登作业

攀登作业是指借助登高用具或登高设施进行的高处作业。攀登作业应注意以下事项：

1）攀登的用具，结构构造上必须牢固可靠。

2）梯子底部应坚实，并有防滑措施，不得垫高使用，梯子的上端应有固定措施。

3）单梯不得垫高使用，使用时应与水平面成 75°夹角，踏步不得缺失，其间距宜为 300mm。当梯子需接长使用时，应有可靠的连接措施，接头不得超过 1 处。连接后梯梁的强度，不应低于单梯梯梁的强度。

4）固定式直爬梯应用金属材料制成。使用直爬梯进行攀登作业时，攀登高度以 5m 为宜，超过 8m 时，应设置梯间平台。

5）上下梯子时，必须面向梯子，且不得手持器物。

（4）交叉作业

交叉作业是指垂直空间贯通状态下，可能造成人员或物体坠落，并处于坠落半径范围内、上下左右不同层面的立体作业。交叉作业时应注意以下事项：

1）各工种进行上下立体交叉作业时，不得在同一垂直方向上操作。下层作业的位置，必须处于依上层高度确定的可能坠落的半径范围之外，不符合以上条件时，应设安全防护棚。

2）钢模板、脚手架拆除时，下方不得有人施工。

3）模板拆除后，临边堆放处离楼层边沿不应小于 1m，堆放高度不得超过 1m，楼层边口、通道口、脚手架边缘等处，严禁堆放任何物件。

4）结构施工自 2 层起，凡人员进出的通道口（包括井架、施工电梯的进出通道口），均应搭设双层防护棚。

5）在建建筑物旁或在塔机吊臂回转半径范围之内的主要通道、临时设施、钢筋、木工作业区等必须搭设双层防护棚。

第五章　施工现场消防基本知识

第一节　施工现场消防知识概述及
常用消防器材

1. 施工现场消防知识概述

我国消防工作实行预防为主、消防结合的方针。按照政府统一领导、部门依法监管、单位全面负责、公民积极参与的原则，实行消防安全责任制，建立健全社会化的消防工作网络。

建设工程施工现场的防火，必须遵循国家有关方针、政策，针对不同施工现场的火灾特点，立足自防自救，采取可靠防火措施，做到安全可靠、经济合理、方便适用。

燃烧的发生必须具备三个条件，即：可燃物、助燃物和着火源。因此，制止火灾发生的基本措施包括：

（1）控制可燃物，以难燃或不燃的材料代替易燃或可燃的。

（2）隔绝空气，使用易燃物质的生产应在密闭的设备中进行。

（3）消除着火源。

（4）阻止火势蔓延，在建筑物之间筑防火墙，设防火间距，防止火灾扩大。

2. 建筑施工现场消防器材的配置和使用

（1）在建工程及临时用房的下列场所应配置灭火器：

1）易燃易爆危险品存放及使用场所；

2）动火作业场所；

3）可燃材料存放、加工及使用场所；

4）厨房操作间、锅炉房、发电机房、变配电房、设备用房、

办公用房、宿舍等临时用房;

5) 其他具有火灾危险的场所。

（2）建筑施工现场常用灭火器及使用方法

1) 泡沫灭火器。药剂：筒内装有碳酸氢钠、发沫剂、硫酸铝溶液。用途：适用于扑救油脂类、石油产品及一般固体初起的火灾；不适用于扑救忌水化学品和电气火灾。使用方法：手指堵住喷嘴，将筒体上下颠倒2次，打开开关，药剂即喷出。

2) 干粉灭火器。药剂：钢筒内装有钾盐或钠盐粉，并备有盛装压缩气体的小钢瓶。用途：适用于扑救石油及其产品、可燃气体和电气设备初起的火灾。使用方法：提起筒，拔掉保险销环，干粉即可喷出。

3) 二氧化碳灭火器。药剂：瓶内装有压缩或液态的二氧化碳。用途：主要适用于扑救贵重设备、档案资料、仪器仪表、600V以下的电器及油脂等火灾；禁止使用二氧化碳灭火器灭火的物品有，遇有燃烧物品中的锂、钠、钾、铯、锶、镁、铝粉等。使用方法：拔掉安全销，一手拿好喇叭筒对着火源，另一手压紧压把打开开关即可。

4) 酸碱灭火器。用途：主要适用于扑救竹、木、棉、毛、草、纸等一般初起火灾，但对忌水的化学物品、电气、油类不宜用。

（3）消火栓、消防水带、消防水枪

消火栓按安装区域分有室内、室外消火栓两种；按安装位置分为地上式与地下式两种；按消防介质分有水消火栓和泡沫消火栓两种。消火栓应在任意时刻均处于工作状态。

1) 消防水带应配相对口径的水带接口方能使用。水带接口装置于水带两端，用于水带与水带、消火栓或水枪之间的连接，以便进行输水或水和泡沫混合液，其接口为内扣式。

2) 水枪是装在水带接口上，起射水作用的专用部件。各种水枪的接口形式均为内扣式。

3) 消火栓的开关位置在其顶部，必须用专用扳手操作，其顶盖上有开关标志符。

使用时应先安好消防水带，之后打开消火栓上封盖把水带固定好，然后再打开消火栓。在使用消火栓灭火时，必须两人以上操作，当水带充满水后，一人拿枪，一人配合移动消防水带。

第二节　施工现场消防管理制度及相关规定

施工现场的消防安全由施工单位负责。实行施工总承包的，应由总承包单位负责。分包单位向总承包单位负责，并应服从总承包单位的管理，同时应承担国家法律、法规规定的消防责任和义务。施工现场建立消防管理制度，落实消防责任制和责任人员，建立义务消防队，定期对有关人员进行消防教育，落实消防措施。

1. 施工现场消防管理制度

（1）施工单位应编制施工现场灭火及应急疏散预案。灭火及应急疏散预案应包括下列主要内容：

1）应急灭火处置机构及各级人员应急处置职责；

2）报警、接警处置的程序和通信联络的方式；

3）扑救初起火灾的程序和措施；

4）应急疏散及救援的程序和措施。

（2）施工人员进场时，施工现场的消防安全管理人员应向施工人员进行消防安全教育和培训。消防安全教育和培训应包括下列内容：

1）施工现场消防安全管理制度、防火技术方案、灭火及应急疏散预案的主要内容；

2）施工现场临时消防设施的性能及使用、维护方法；

3）扑灭初起火灾及自救逃生的知识和技能；

4）报警、接警的程序和方法。

（3）施工作业前，施工现场的施工管理人员应向作业人员进行消防安全技术交底。消防安全技术交底应包括下列主要内容：

1）施工过程中可能发生火灾的部位或环节；

2）施工过程应采取的防火措施及应配备的临时消防设施；

3）初起火灾的扑救方法及注意事项；

4）逃生方法及路线。

（4）施工过程中，施工现场的消防安全负责人应定期组织消防安全管理人员对施工现场的消防安全进行检查。消防安全检查应包括下列主要内容：

1）可燃物及易燃易爆危险品的管理是否落实；

2）动火作业的防火措施是否落实；

3）用火、用电、用气是否存在违章操作，电、气焊及保温防水施工是否执行操作规程；

4）临时消防设施是否完好有效；

5）临时消防车道及临时疏散设施是否畅通。

2. 施工现场消防管理规定

（1）施工现场动火作业

1）动火作业应办理动火许可证，动火许可证的签发人收到动火申请后，应前往现场查验并确认动火作业的防火措施落实后，再签发动火许可证；

2）动火操作人员应具有相应资格；

3）焊接、切割、烘烤或加热等动火作业前，应对作业现场的可燃物进行清理；作业现场及其附近无法移走的可燃物应采用不燃材料覆盖或隔离；

4）施工作业安排时，宜将动火作业安排在使用可燃建筑材料施工作业之前进行，确需在可燃建筑材料施工作业之后进行动火作业的，应采取可靠的防火保护措施；

5）裸露的可燃材料上严禁直接进行动火作业；

6）焊接、切割、烘烤或加热等动火作业应配备灭火器材，并应设置动火监护人进行现场监护，每个动火作业点均应设置1个监护人；

7）五级（含五级）以上风力时，应停止焊接、切割等室外动火作业，确需动火作业时，应采取可靠的挡风措施；

8）动火作业后，应对现场进行检查，并应在确认无火灾危险后，动火操作人员再离开。

（2）施工现场用电

1）电气线路应具有相应的绝缘强度和机械强度，禁止使用绝缘老化或失去绝缘性能的电气线路，严禁在电气线路上悬挂物品。破损、烧焦的插座、插头应及时更换；

2）电气设备与可燃、易燃易爆和腐蚀性物品应保持一定的安全距离；

3）距配电盘 2m 范围内不得堆放可燃物，5m 范围内不应设置可能产生较多易燃、易爆气体、粉尘的作业区；

4）可燃库房不应使用高热灯具，易燃易爆危险品库房内应使用防爆灯具；

5）电气设备不应超负荷运行或带故障使用。

（3）施工现场用气

1）储装气体罐瓶及其附件应合格、完好和有效；严禁使用减压器及其他附件缺损的氧气瓶，严禁使用乙炔专用减压器、回火防止器及其他附件缺损的乙炔瓶；

2）气瓶应保持直立状态，并采取防倾倒措施，乙炔瓶严禁横躺卧放；

3）严禁碰撞、敲打、抛掷、溜坡或滚动气瓶；

4）气瓶应远离火源，与火源的距离不应小于 10m，并应采取避免高温和防止暴晒的措施；

5）气瓶应分类储存，库房内应通风良好；空瓶和实瓶同库存放时，应分开放置，两者间距不应小于 1.5m；

6）瓶装气体使用前，应检查气瓶及气瓶附件的完好性，检查连接气路的气密性，并采取避免气体泄漏的措施，严禁使用已老化的橡皮气管；

7）氧气瓶与乙炔瓶的工作间距不应小于 5m，气瓶与明火作业点的距离不应小于 10m；

8）冬季使用气瓶，气瓶的瓶阀、减压阀等发生冻结时，严禁用火烘烤或用铁器敲击瓶阀，严禁猛拧减压器的调节螺栓；

9）氧气瓶内剩余气体的压力不应小于 0.1MPa，气瓶用后应及时归库。

第六章　施工现场应急救援基本知识

第一节　生产安全事故应急救援
预案管理相关知识

1. 生产安全事故应急救援预案的概念

生产安全事故应急救援预案是为了有效预防和控制可能发生的事故，最大限度减少事故及其损害而预先制定的工作方案。它是事先采取的防范措施，将可能发生的等级事故损失和不利影响减少到最低的有效方法。

2. 建筑施工企业生产安全事故应急救援预案的管理

施工单位的应急救援预案应经专家评审或者论证后，由企业主要负责人签署发布。施工项目部的安全事故应急救援预案在编制完成后报施工企业审批。

建筑工程施工期间，施工单位应当将生产安全事故应急救援预案在施工现场显著位置公示，并组织开展本单位的应急救援预案培训交底活动，使有关人员了解应急救援预案的内容，熟悉应急救援职责、应急救援程序和岗位应急救援处置方案。

建筑施工单位应当制定本单位的应急预案演练计划，根据本单位的事故预防重点，每年至少组织一次综合应急预案演练或者专项应急预案演练，每半年至少组织一次现场处置方案演练。

第二节　现场急救基本知识

1. 施工现场应急救护要点

（1）对骨伤人员的救护

1）不能随便搬动伤者，以免不正确的搬动（或移动）给伤者带来二次伤害。例如凡是胸、腰椎骨折者，头、颈部外伤者，不能任意搬动，尤其不能屈曲。

2）在需要搬动时，用硬板固定受伤部位后方可搬动。

3）用担架搬运时，要使伤员头部向后，以便后面抬担架的人可以随时观察其伤情变化。

（2）对眼睛伤害人员的救护

1）眼睛有异物时，千万不要自行用力眨眼睛，应通过药水、泪水、清水冲洗，仍不能把异物冲掉时，才能扒开眼睑，仔细小心清除眼里异物，如仍无法清除异物或伤势较重时，应立即到医院治疗。

2）当化学物质（如砌筑用的石灰膏）进入眼内，立即用大量的清水冲洗。冲洗时要扒开眼睑，使水能直接冲洗眼睛，要反复冲洗，时间至少 15min 以上。在无人协助的情况下，可用一盆水，双眼浸入水中，用手分开眼睑，做睁眼、闭眼、转动并立即到医院做必要的检查和治疗。

（3）心肺复苏术

心肺复苏术，是在建筑工地现场对呼吸心跳骤停病人给予呼吸和循环支持所采取的急救，急救措施如下：

1）畅通气道：托起患者的下颌，使病人的头向后仰，如口中有异物，应先将异物排除。

2）口对口人工呼吸：捏闭病人的鼻孔，深吸气后先连续快速向病人口内吹气 4 次，吹气频率以每分钟 2～16 次。如遇特殊情况（牙关紧闭或外伤），可采用口对鼻人工呼吸。

3）胸外心脏按压：双手放在病人胸骨的下 1/3 段（剑突上

两根指），有节奏地垂直向下按压胸骨干段，成人按压的深度为胸骨下陷 4~5cm 为宜。一般按压 15 次，吹气 2 次。

4）胸外心脏按压和口对口吹气需要交替进行。最好有两个人同时参加急救，其中一个人作口对口吹气。

（4）外伤常用止血方法

1）一般止血法：凡出血较少的伤口，可在清洗伤口后盖上一块消毒纱布，并用绷带或胶布固定即可。

2）指压止血法：可用干净的布（没有布可以用手）直接按压伤口，直到不出血为止。

3）加压包扎止血法：用纱布、棉花等垫放在伤口上，用较大的力进行包扎，并尽量抬高受伤部位。加压时力量也不可过大或扎得过紧，如以免引起受伤部位局部缺血造成坏死。

2. 建筑施工现场主要事故类型及救援常识

（1）触电事故及救援常识

1）发现有人触电时，不要直接用手去拖拉触电者，应首先迅速拉电闸断电，现场无电电闸时，使用木方等不导电的材料或用干衣服包严双手，将触电者拖离电源。

2）根据触电者的状况进行现场人工急救（如心肺复苏），并迅速向工地负责人报告或报警。

（2）火灾事故及救援常识

1）最早发现者应立即大声呼救，并根据情况立即采取正确方法灭火。当判断火势无法控制时，要迅速报警并向有关人员报告。

2）根据火灾的影响范围，迅速把无关人员疏散到指定的消防安全区。作业区发生火灾时，可采用建筑物内楼梯、外脚手架上下梯、离火灾现场较远的外施工电梯等疏散人员。不得使用离火灾现场较近的外施工电梯，严禁使用室内电梯疏散人员。

3）当火势无法控制时，要及时采取隔离火源措施，及时搬出附近的易燃易爆物以及贵重物品，防止火势蔓延到有易燃易爆物品或存放贵重物品的地点。当有可能发生气瓶爆炸或火势已无法控制且危及人员生命安全时，迅速将救火人员撤离到安全地方，等待专职消防队救援或采取其他必要措施。

4）火灾逃生自救知识原则

如果发现火势无法控制，应保持镇静，判断危险地点和安全地点，决定逃生方法和路线，尽快撤离危险地。

通过浓烟区逃生时，如无防毒面具等护具，可用湿毛巾等捂住口鼻，并尽可能贴近地面，以匍匐姿势快速前进，如有条件可向头部、身上浇冷水或用湿毛巾、湿棉被、湿毯子等将头、身裹好再冲出去。

（3）易燃易爆气体泄漏事故应急常识

1）最早发现者应立即大声呼救，并向有关人员报告或报警。根据情况立即采取正确方法施救，如尝试采取关闭阀门、堵漏洞等措施截断、控制泄漏，若无法控制，应迅速撤离。

2）在气体泄漏区内严禁使用手机、电话或启动电气设备，并禁止一切产生明火或火花的行为。

3）疏散无关人员，迅速远离危险区域，治安保卫人员要迅速建立禁区，严禁无关人员进入。同时停止附近的作业。

4）在未有安全保障措施的情况下，不要盲目行动，应等待公安消防队或其他专业救援队伍处理。

（4）发现坍塌预兆或坍塌事故应急常识

1）发现坍塌预兆时，发现者应立即大声呼唤，停止作业，迅速疏散人员撤离现场，并向项目部报告。待险情排除，并得到有关人员同意后，方可重新进入现场作业。

2）当事故发生后，发现者应立即大声呼救，同时向有关人员报告或报警。项目部根据情况立即采取措施组织抢救，同时向上级部门报告。

3）迅速判断事故发展状态和现场情况，采取正确应急控制措施，判断清楚被掩埋人员位置，立即组织人员全力挖掘抢救。

4）在救护过程中要防止二次坍塌伤人，必要时先对危险的地方采取一定的加固措施。

5）按照有关救护知识，立即救护抢救出来的伤员，在等待医生救治或送往医院抢救过程中，不要停止和放弃施救。

（5）有毒气体中毒事故应急常识

1）最早发现者应立即大声呼救，向有关人员报告或报警，如原因明确应立即采取正确方法施救，但决不可盲目救助。

2）迅速查明事故原因和判断事故发展状态，采取正确方法施救。

如中毒事故必须先通风或戴好防毒面具方可救人；如缺氧，则要戴好有供氧的防毒面具才可救人。

3）救出伤员后按照有关救护知识，立即救护伤员，在等待医生救治或送往医院抢救过程中，不要停止和放弃施救，如采用人工呼吸，或输氧急救等。

4）现场不具备抢救条件时，立即向社会求救。

（6）高处坠落伤害急救常识

1）坠落在地的伤员，应初步检查伤情，不得随意搬动。

2）立即呼叫"120"急救医生前来救治。

3）采取初步急救措施：止血、包扎、固定。

4）注意固定颈部、胸腰部脊椎，搬运时保持动作一致平稳，避免伤员脊柱弯曲扭动加重伤情。

3. 施工现场报警注意事项

（1）按工地写出的报警电话，进行报警。

（2）报告事故类型。说明伤情（病情、火情、案情）等，以便救护人员事先做好急救的准备。如火灾报警时要尽量说明燃烧或爆炸物质、燃烧程度、人员伤亡、发生火灾楼层等情况。

（3）说明单位（或事故地）的电话或手机号码，以便救护车（消防车、警车）随时用电话通信联系。

（4）可用几部电话或手机，由数人同时向有关救援单位报警求救。以便各种救援单位都能以最快的速度到达事故现场。

第二部分　专业基础知识

第七章　挖掘机的结构与工作原理

第一节　概　　述

挖掘机是一种高效率、应用广泛的工程机械,已经成为工程机械产品家族中市场保有量最高的一个机种。挖掘机广泛应用于工业与民用建筑、交通运输、水利电力工程、农田改造、矿山采掘以及现代化军事工程等领域中。

近年来,挖掘机是整个工程机械行业中生产、销售增长最快的一个机种,尤其是通用的中型、小型单斗液压挖掘机,不仅可用于土石方的挖掘、挖沟、清淤、装载物料、修整边坡及平整场地等,而且通过工作装置的更换,还可用于破碎、拆除、起重、抓取、夯实、钻孔、采伐林木等多种作业,已成为机械化施工中广泛使用不可或缺的重要机械设备。

1. 挖掘机的分类

(1) 常见的挖掘机按驱动方式不同,分为内燃机驱动挖掘机和电力驱动挖掘机两种。其中电动挖掘机主要应用在高原缺氧、地下矿井和其他一些易燃易爆的场所。

(2) 按照规模大小的不同,挖掘机可以分为大型挖掘机、中型挖掘机和小型挖掘机。

(3) 按照行走方式的不同,挖掘机可分为履带式挖掘机和轮式挖掘机。

(4) 按照传动方式的不同,挖掘机可分为液压挖掘机和机械挖掘机；如图 7-1、图 7-2 所示。本书重点阐述单斗液压挖掘机。

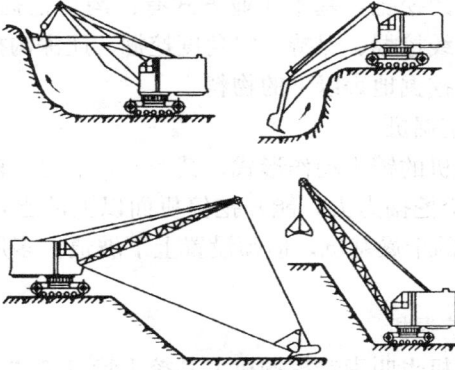

图 7-1　机械式挖掘机

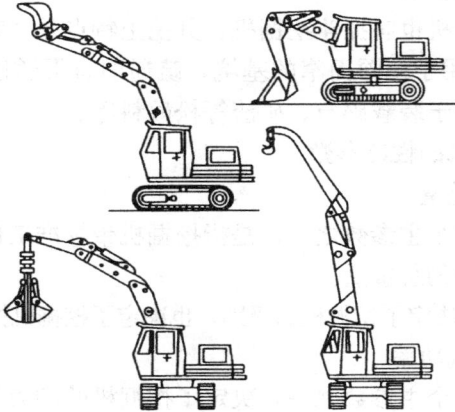

图 7-2　单斗液压式挖掘机

（5）按照用途来分，挖掘机又可以分为通用挖掘机、矿用挖掘机、船用挖掘机、特种挖掘机等不同的类别。

（6）按照铲斗来分，挖掘机又可以分为正铲挖掘机、反铲挖掘机、拉铲挖掘机和抓铲挖掘机。

1）反铲挖掘机

反铲挖掘机是最常见的，向后向下，强制切土。可以用于停机作业面以下的挖掘，基本作业方式有：沟端挖掘、沟侧挖掘、直线挖掘、曲线挖掘、保持一定角度挖掘、超深沟挖掘和沟坡挖掘等。多用于挖掘地表以下的物料。

2）正铲挖掘机

正铲挖掘机的铲土动作形式，其挖土特点是"前进向上，强制切土"。正铲挖掘力大，能开挖停机面以上的土，宜用于开挖高度大于 2m 的干燥基坑，但须设置上下坡道。多用于挖掘地表以上的物料。

3）拉铲挖掘机

拉铲挖掘机也叫索铲挖掘机。其挖土特点是"向后向下，自重切土"。适用于开挖大而深的基坑或水下挖土。

4）抓铲挖掘机

抓铲挖掘机也叫抓斗挖掘机。其挖土特点是"直上直下，自重切土"。适用于挖深而窄的基坑，疏通旧有渠道以及挖取水中淤泥等，或用于装载碎石、矿渣等松散料等。

2. 挖掘机的性能参数

1. 操作重量

挖掘机三个主参数之一，是指挖掘机带标准工作装置、司机并且加满燃油的总重量。

操作重量决定了挖掘机的级别，也决定了挖掘机挖掘力的上限。

2. 内燃机功率

挖掘机三个主参数之一，决定了挖掘机的动力性能。

3. 斗容量

挖掘机三个主参数之一，是指铲斗能够装载物料的体积。一台挖掘机可以根据物料密度不同配置斗容大小不同的铲斗。合理选择斗容是提高作业效率与降低能耗的重要手段之一。

4. 挖掘力

包括斗杆挖掘力（如图 7-3）和铲斗挖掘力（图 7-4）。两个挖掘力的发力点不同，斗杆挖掘力的发力点来自斗杆油缸，铲斗挖掘力的发力点来自铲斗油缸。

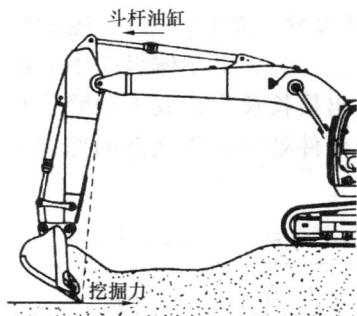

图 7-3　斗杆挖掘力

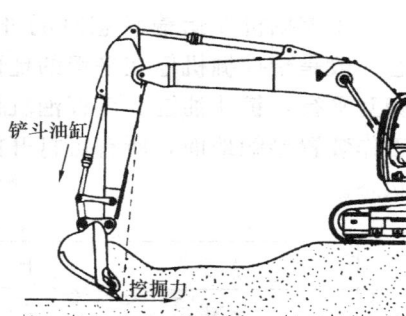

图 7-4　铲斗挖掘力

5. 工作范围

指挖掘机不回转的情况下，铲斗斗齿齿尖所能达到的极限位置点连线的内部区域。挖掘机经常利用图形来形象地表达工作范围，如图 7-5 所示。挖掘机作业范围通常用最大挖掘半径、最大挖掘深度、最大挖掘高度等参数表示。

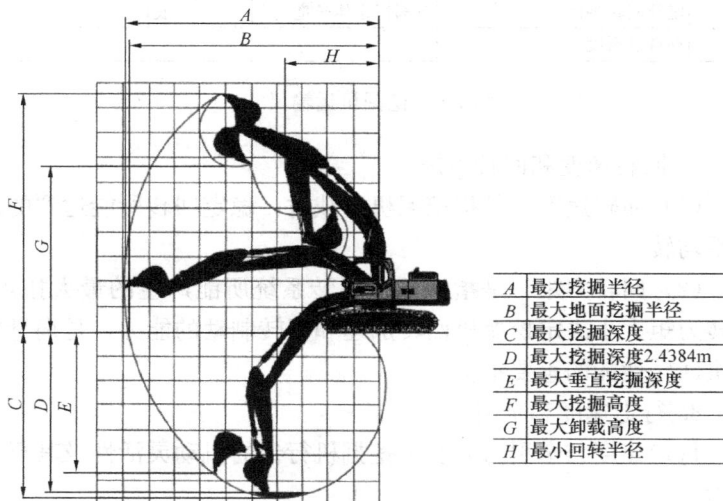

A	最大挖掘半径
B	最大地面挖掘半径
C	最大挖掘深度
D	最大挖掘深度2.4384m
E	最大垂直挖掘深度
F	最大挖掘高度
G	最大卸载高度
H	最小回转半径

图 7-5　挖掘机作业范围

6. 运输尺寸

指挖掘机在运输状态时的外形尺寸（如图 7-6）。运输状态一般是指挖掘机停在平坦的地面上，上、下车体纵向中心面相互平行，铲斗油缸、斗杆油缸伸出最长长度，放下动臂直至工作装置接触地面，所有可打开的部件处于关闭状态的挖掘机状态。

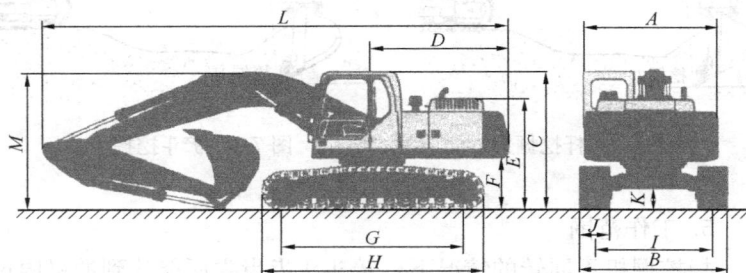

A	上部机构总宽度	E	发动机罩总高度	I	轨距
B	总宽度	F	配重离地间隙	J	履带板宽度
C	驾驶室总高度	G	轮距	K	最小离地间隙
D	尾部回转半径	H	下部行走体长度	L	总长度
M	动臂总高度				

图 7-6　挖掘机运输尺寸

7. 回转速度和回转力矩

（1）回转速度　是指挖掘机空载时，稳定回转所能达到的最大平均转速。

（2）回转力矩　是指挖掘机回转系统所能产生的最大扭矩。回转力矩大小决定挖掘机回转加速和回转制动的能力，是衡量挖掘机回转性能的重要指标。

8. 行走速度和牵引力

行走速度与牵引力表明了挖掘机行走的机动灵活性及其行走能力。

（1）行走速度　是指挖掘机在标准地面上行走时的最大行走

速度。履带式液压挖掘机行走速度一般不大于 6km/h。一般挖掘机都具有高速和低速两个行走档位，双速可以很好地满足挖掘机爬坡与平地行走要求。

（2）牵引力　是指挖掘机在水平地面上行走时所产生的水平方向的拉力，其主要影响因素包括行走马达低速挡排量、工作压力、驱动轮节圆直径、机重等。挖掘机一般都具有较大牵引力，一般是机械重量的 0.7～0.85 倍。

9. 爬坡能力

指爬坡、下坡，或在一个坚实、平整的坡面上停止的能力。

10. 接地比压

接地比压指机械重量对地面产生的压力。接地比压的大小决定了挖掘机适合工作的地面条件。

第二节　液压挖掘机的基本结构与工作原理

单斗液压挖掘机（以下简称液压挖掘机）是采用液压传动并以一个铲斗进行周期性挖掘作业的挖掘机。液压挖掘机主要由工作装置、上车体、下车体三大部分组成，如图 7-7 所示。

图 7-7　单斗液压挖掘机基本结构

工作装置就是液压挖掘机的执行机构，一台挖掘机根据不同工况可以配置不同的工作机构，如铲斗、破碎锤、裂土器、抓木器等。

上车体是液压挖掘机的主要安装平台，安装有回转平台、内燃机系统、液压系统、电气系统、覆盖件、驾驶室、配重等系统与部件，如图7-8所示。

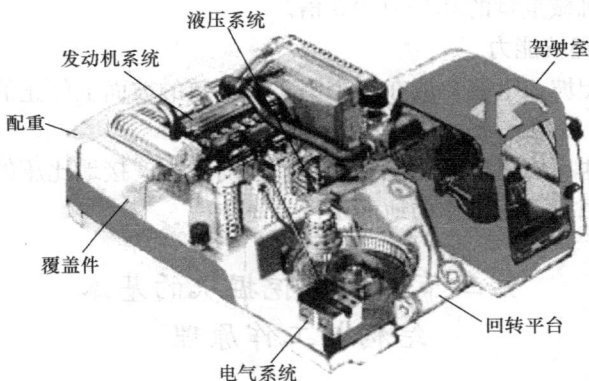

图7-8　上车体构成

下车体由行走架、四轮一带（驱动轮、引导轮、支重轮、托链轮、履带）、履带张紧装置、行走马达等组成。

如图7-9所示为液压挖掘机内部结构与部件的名称。工作装置由动臂、斗杆、铲斗、连杆、摇杆及销轴等组成。液压系统安装在上车体、下车体及工作装置上，主要由液压泵、主阀、先导阀、油缸（动臂、斗杆、铲斗）、马达（回转、行走）、液压油箱、管路及其他液压附件组成。电气系统主要安装于上车体与工作装置上，由蓄电池、主控制盒、控制器、监控器、电锁、雨刮器、传感器、各种开关、灯具、线束、电缆及其他附件组成。

液压挖掘机的基本工作原理如图7-10所示。

实际挖掘工作中，由于土质情况、挖掘面作业条件以及作业要求的不同，反铲装置三种液压缸（即动臂油缸、斗杆油缸、铲

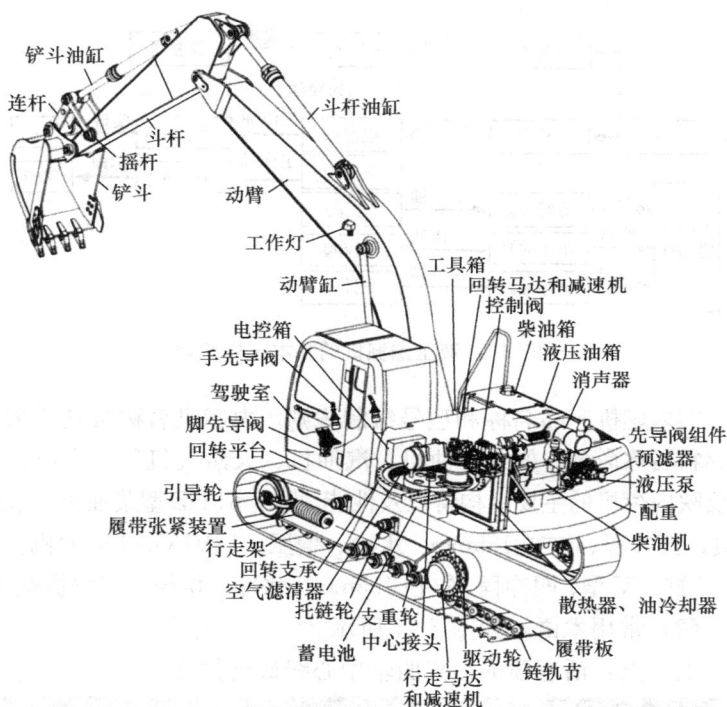

铲斗油缸
连杆
斗杆
摇杆
铲斗
动臂
工作灯
动臂缸
电控箱
手先导阀
驾驶室
脚先导阀
回转平台
引导轮
履带张紧装置
行走架
回转支承
空气滤清器
托链轮
支重轮
蓄电池
中心接头
行走马达
和减速机
驱动轮
链轨节
履带板
散热器、油冷却器
柴油机
配重
液压泵
预滤器
先导阀组件
消声器
液压油箱
柴油箱
控制阀
回转马达和减速机
工具箱
斗杆油缸

图 7-9　液压挖掘机内部机构与部件的名称

斗油缸）在挖掘循环中的动作配合可以是多种多样的，可以完成各种复杂的动作。液压挖掘机利用杠杆原理，液压缸推动动臂、斗杆和铲斗产生各构件之间的相对旋转运动，从而实现人为控制的挖掘和卸料动作；通过采用三组液压缸和回转马达，实现三维立体的作业；再通过行走马达驱动行走，使挖掘空间沿水平方向得到间歇的扩大，从而满足挖掘作业要求。

1. 动力系统

液压挖掘机的动力系统多采用往复活塞式内燃机作为驱动力，即普通车用汽油机和柴油机。

（1）内燃机型号编制规则

为了便于识别内燃机的机型、规格和结构特点，国家制订了

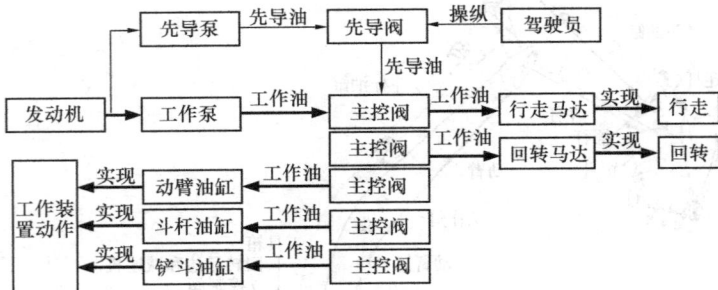

图 7-10　液压挖掘机的基本工作原理

相关的内燃机产品名称和型号编制规则。内燃机名称按其所采用的燃料名称命名。如：柴油机、汽油机、天然气机等。内燃机编号反映内燃机的主要结构特征及性能。如：6135Z型柴油机：表示6缸、四冲程、缸径135mm、水冷、增压。12V135ZG柴油机：表示12缸、V型、四冲程、缸径135mm、水冷、增压、工程机械用。

（2）常用术语，如图7-11所示。

上止点：活塞顶部距离曲轴中心线最远位置。

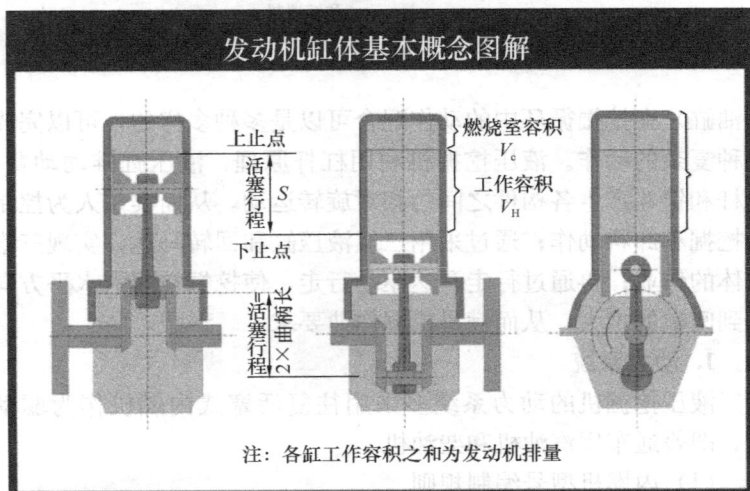

图 7-11　内燃机常用术语

下止点：活塞顶部距离曲轴中心线最近位置。

冲程：活塞在上下止点间运动的过程。

活塞行程：上下止点间的距离。对于气缸中心线通过曲轴中心的发动机，其活塞行程等于曲柄半径的两倍。

气缸工作容积：在一个气缸内，活塞从上止点到下止点所让出的气缸容积。

内燃机工作容积：内燃机全部气缸工作容积之和，也称为排量。

燃烧室容积：当活塞位于上止点时，活塞上方的空间称燃烧室，其容积称为燃烧室容积。

气缸总容积：当活塞位于下止点时，活塞顶上方的全部容积。气缸总容积等于气缸工作容积与燃烧室容积之和。

压缩比：气缸总容积与燃烧室容积之比称为压缩比。压缩比表示气缸内的气体被压缩后，其容积缩小的程度。柴油机的压缩比一般为16～22。

内燃机的工作循环：在内燃机的工作中，将燃料燃烧发出的热能不断地转化为机械能，这种连续过程叫做内燃机的工作循环。内燃机的每一工作循环，分进气、压缩、作功、排气四个过程。如图7-12所示。

（3）发动机工作原理

发动机是一种能量转换机构，它将燃料燃烧产生的热能转变成机械能。要完成这个能量转换，必须经过进气、压缩、做功、排气四个过程，即把可燃混合气（或新鲜空气）引入气缸，压缩可燃混合气（或新鲜空气），至接近终点时点燃可燃混合气（或将柴油高压喷入气缸内形成可燃混合气并引燃），着火燃烧的可燃混合气受热膨胀推动活塞下行实现对外做功，最后排出燃烧后的废气。把这四个过程叫做发动机的一个工作循环。工作循环不断地重复，就实现了能量转换，使发动机能够连续运转。把完成一个工作循环，需要曲轴转两圈（720°），活塞上下往复运动四次的发动机称为四冲程发动机。如图7-13所示。

| 吸入 | 压缩 | 做功 | 排气 |

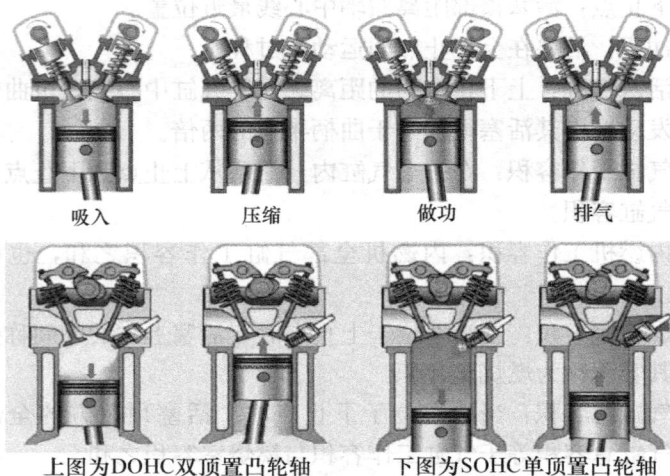

上图为DOHC双顶置凸轮轴　　下图为SOHC单顶置凸轮轴

图 7-12　内燃机的工作循环

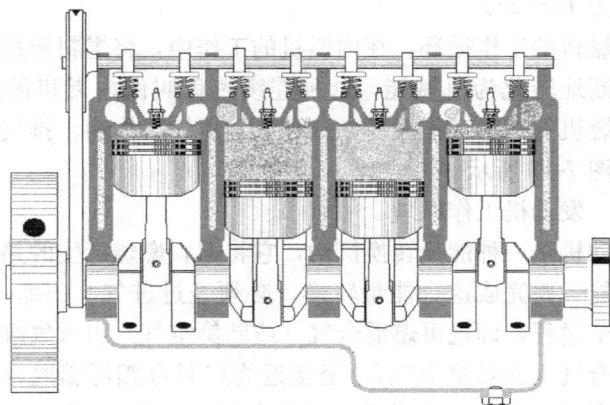

图 7-13　发动机工作原理

柴油机与汽油机的最大区别是汽油机的着火方式为点燃式，因此需要点火系，而柴油机的着火方式为压燃式，不需要点火系。

（4）多缸柴油机工作过程

四冲程柴油机每个工作循环中只有燃烧膨胀冲程才做功，而进气、压缩和排气三个辅助冲程不但不做功，而且还消耗一部分功，用来压缩气体和克服进、排气时的阻力。因此。在柴油机运行时，由于各冲程中有的获得能量而有的消耗能量，造成转速不均匀，有时加速有时减速。为了提高柴油机运转均匀性，通常采用两种方法：一是在曲轴上安装飞轮；二是采用多缸结构形式。

（5）结构组成

内燃机种类繁多，但其结构大体相同，通常由机体和曲轴连杆机构、配气机构、燃料系、冷却系、润滑系等组成。

（6）机体和曲轴连杆机构

机体和曲轴连杆机构的作用是将燃料燃烧产生的热能转换为推动活塞做直线运动的机械能，把活塞往复运动转变为曲轴旋转运动，并向外输出动力。

机体和曲轴连杆机构主要由机体、活塞连杆组和曲轴飞轮组三部分组成。

机体的作用是作为发动机各机构、各装配件进行装配的基体，而且其本身的许多部分又分别是曲柄连杆机构、配气机构、供给系、冷却系和润滑系的组成部分。主要由气缸体与上曲轴箱、气缸套、气缸盖、气缸垫、下曲轴箱等组成。如图 7-14 所示。

图 7-14 柴油机机体

活塞连杆组是将热能转化为机械能，把活塞高速直线往复运动转变为曲轴旋转运动的传力机构。活塞连杆组由活塞、活塞环、活塞销、连杆等机件组成。

曲轴飞轮组的主要机件是曲轴和飞轮。曲轴是柴油机的主要零件之一。其作用是将连杆传来的力变为旋转的扭矩输出，同时还要通过连杆推动活塞，完成进气、压缩和排气工作，并驱动配气机构和其他辅助装置工作。飞轮用来储存做功冲程的部分能量，克服辅助冲程阻力，保持曲轴转速均匀，向外输出动力。

在曲轴上还装有驱动配气机构的正时齿轮和驱动风扇、水泵等机件的皮带轮，飞轮上通常刻有第一缸喷油正时记号，以便校正喷油时间。下曲轴箱又称油底壳或机油盘，用于盛机油并保护曲轴等机件不被灰尘污染。

（7）配气机构

配气机构的作用是按照内燃机各缸工作冲程的要求，定时开启和关闭进、排气门。进气门开启使新鲜空气进入气缸，排气门开启使燃烧后的废气排出气缸，气缸的关闭使气缸密封。如图7-15 所示。

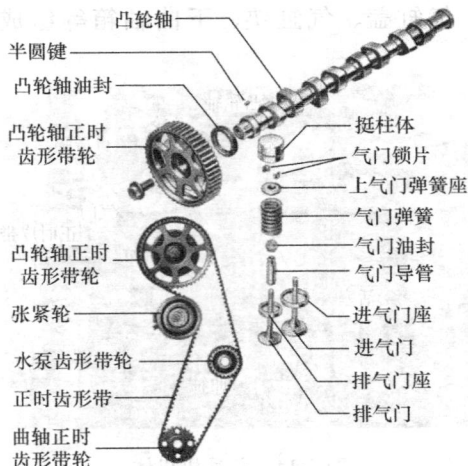

图 7-15　配气机构

配气机构由气门组和传动组组成。气门组由气门、气门座、气门导管、气门弹簧、弹簧座和锁片等零件组成。传动组主要包括凸轮轴、正时齿轮、推杆、挺杆、摇臂和摇臂轴及其支架等零件。

（8）燃油供给系统

柴油机燃油供给系统的作用是根据柴油机不同负荷的需要，定时、定量、定压地将清洁的雾化良好的柴油，按一定的喷油规律喷入燃烧室，与被压缩的高温高压空气混合，形成可燃混合气自行燃烧，并将燃烧后的废气排入大气中去。

燃油供给系一般由进排气装置，供油装置两部分组成。进排气装置由空气滤清器、进排气歧管和消声器等组成。供油装置由低压油路和高压油路两部分组成。低压油路包括：柴油箱、柴油滤清器、输油泵、低压油管等。高压油路包括：喷油泵、喷油器、高压油管和调速器等。

输油泵的作用保证柴油在低压油路内循环，并供应足够数量及一定压力的柴油给喷油泵。

燃油滤清器的作用是柴油进入喷油泵之前，清除其中的杂质和水分，为保证喷油泵和喷油器的可靠工作并延长其使用寿命，燃料供给系都设有滤清器。

喷油泵的作用是根据柴油机的不同工况，定时、定量地向喷油器输送高压燃油。

调速器的作用就是根据柴油机负荷及转速变化对喷油泵的供油量进行自动调节，以保证柴油机能稳定运行。如图 7-16 所示。

（9）冷却系统

柴油机工作时，由于燃料的燃烧以及运动零件间的摩擦产生大量的热量，使零件受热而温度升高，特别是直接与高温气体接触的零件若不及时冷却则会造成机件卡死和烧损。因此，必须对高温条件下工作的零部件进行冷却。

冷却系的作用是保证柴油机在最适宜的温度（80～90℃）状态下连续工作。柴油机冷却系按所用冷却介质不同有水冷和风冷之分。如图 7-17 所示。

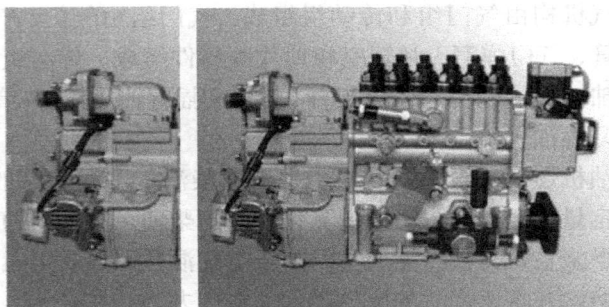

图 7-16　柴油机调速器

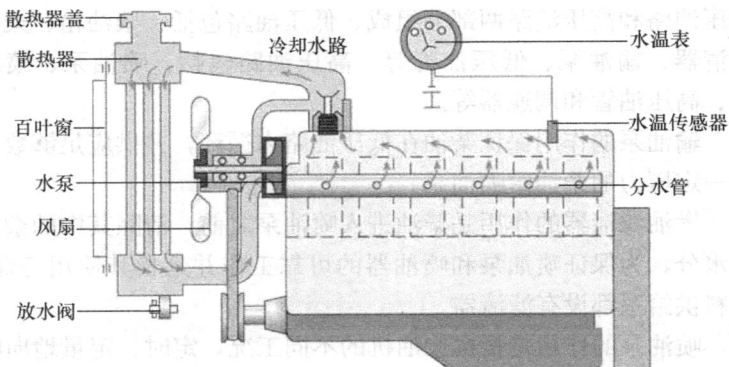

图 7-17　冷却水路

　　目前大部分内燃机都采用压流式冷却。压流式冷却系统由百叶窗、散热器、风扇及皮带、水泵、节温器、水温表和水套等组成。冷却系中应加注清洁的软水，如河水、雨水、自来水等。如果加注硬水，如泉水、井水中含有大量矿物质，这些物质在高温时易分解，冷却后会从水中沉淀下来，在散热器和水套中形成水垢，甚至使水套生锈，降低散热效能。

　　（10）润滑系统

　　柴油机工作时，各零件表面都是以很小的间隙做高速、相对运动的，互相之间剧烈摩擦，产生高温，甚至烧毁机械零件。为了保证柴油机正常工作，必须对运动的零部件表面加以润滑。如图 7-18 所示。

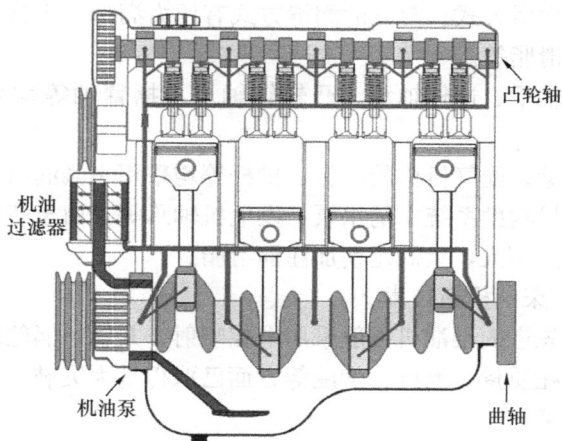

图 7-18　润滑系工作路径

润滑系的作用是将清洁的、压力和温度适宜的润滑油送至柴油机各摩擦表面进行润滑，并将各摩擦表面流出的润滑油回收，经冷却和滤清后循环使用，从而起到下列作用：

1）润滑作用

使零件的两个摩擦表面之间形成一定的油膜，减少磨损和功率损失。

2）冷却作用

润滑油在润滑各摩擦表面的同时，吸收各摩擦表面的热量，降低各摩擦表面温度。

3）清洁作用

润滑油在循环流动中，可清除摩擦表面的磨屑，并将其带走。

4）密封和防锈作用

附着于零件表面的油膜还可以提高零件的密封效果和防止氧化锈蚀。

柴油机工作时，由于各运动机件的工作条件和所承受的载荷和相对运动的速度不同，所要求的润滑强度也不相同，因而应采用相应的润滑方式。常见的润滑方式有压力润滑、飞溅润滑和定期加注润滑脂等。

曲轴轴承、连杆轴承、凸轮轴轴承及摇臂轴等均采用压力润滑。

气缸壁、配气机构的凸轮、挺杆等均采用飞溅润滑。

柴油机辅助系统中的水泵、发电机轴承等，由于载荷小，而且摩擦损失不大，只需定期加注润滑脂。

（11）柴油机新技术

现代先进的柴油机一般采用电控喷射、共轨、涡轮增压中冷等技术，在质量、噪声、烟度等方面已取得重大突破，达到了汽油机的水平。

1）电控喷射

电控系统随着对施工机械施工质量与生产效率的要求不断提高，传统的机械传动以及机械液力式调节方式已不能满足施工机械用柴油机的要求。因此，根据使用工况自动控制喷油量及喷油时间的电子控制装置和能够高压喷射的组合蓄压式喷射装置等已在施工机械用柴油机上使用。

2）新材料的开发与应用

随着施工机械用柴油机强化程度的不断提高，使轴承的脉动负载增大，要求轴承材料有更好的抗疲劳性、承载能力和耐磨性。奥地利 MIBA 公司研制的以铝锡合金为基体的 Al-Sn4.5Mg 减摩层，既有高耐磨性，又有良好的热稳定性，从而提高了高温工作时的抗疲劳性。该公司还采用阴极真空镀膜法在轴承工作表面镀上 Al-Sn20 的新工艺，使轴承兼有磨合性好、耐磨性好和抗疲劳性好的优点。试验结果表明，其可靠性和使用寿命均得到大幅度的提高。

2. 液压系统

按照液压挖掘机工作装置和各个机构的传动要求，把各种液压元件用管路有机连接起来的组合体称为挖掘机液压系统。液压系统的功能是以液压油为工作介质，利用液压泵将内燃机的机械能转化成液压油的压力能并进行传送，然后通过液压缸和液压马达等执行元件再将压力能转变成机械能，以实现挖掘机的各种动作。

一个完整的液压系统由五个部分组成，即动力元件、执行元件、控制调节装置、辅助装置和工作介质。

动力元件用于将机械能转换成液体的压力能，如液压系统中的液压泵，它向整个液压系统提供压力油。液压泵的形式很多，一般有齿轮泵、叶片泵、柱塞泵。现代挖掘机中常用的液压泵为柱塞泵。

执行元件用于将液体的压力能转换成机械能，包括液压缸和液压马达两大类。

控制调节装置用于控制液压系统中液体的流动方向、压力大小以及流量多少，主要指各类液压阀。

辅助元件包括油箱、滤油器、油管及接头、密封圈等，对保证液压系统可靠、稳定、持久地工作起到重要作用。

工作介质主要指液压油，包括各种矿物油、乳化液和合成型液压油等，是液压系统中能量传递的媒介。

（1）油箱

液压油箱的主要任务是储油，其次是冷却，散发油液中的热量，溢出油中气体和沉淀油中的杂质。

（2）液压泵

油泵包括主油泵（液压挖掘机一般采用双泵设计）和先导油泵。主油泵（如图 7-19）为变量柱塞双泵，它为主油路提供高压油，使所有的液压件工作。先导油泵（如图 7-20）为定量式齿轮泵，它为先导系统以及主泵控制系统供油。

（3）主控制阀（如图 7-21）

主控制阀通常为联阀，由多个不同类型的阀在同一个阀体内联合组成。在液压系统中，主控制阀位于主泵与执行器之间，控制着流向工作装置、回转平台和行走系统的油液的压力、方向、流量。

图 7-19 CAT320D 型挖掘机液压主泵　　图 7-20 定量式齿轮泵

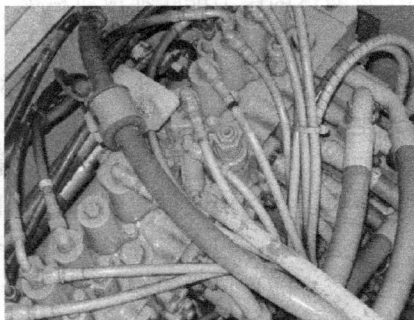

图 7-21 CAT320D 型挖掘机液压系统主控制阀

（4）回转马达及减速机（如图 7-22）

回转马达主要用于把液体的压力能转化为做旋转往复运动的机械能输出，驱动挖掘机上机体回转作业。

减速机用于控制回转马达的旋转速度，保证挖掘机能够按照作业需求顺畅地完成回转动作。

（5）行走马达及减速机（如图 7-23）

行走马达主要用于把液体的压力能转化为做旋转往复运动的机械能输出，与行走系统的履带驱动轮相连，驱动挖掘机实现前进或倒退。

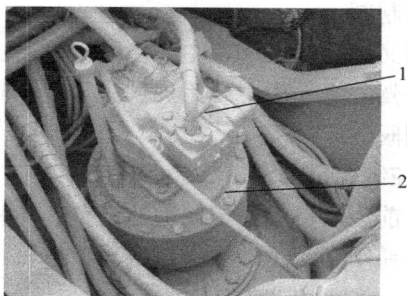

图 7-22　液压回转马达及减速机
1—减速机；2—回转马达

减速机用于控制行走马达的旋转速度，保证挖掘机能够按照作业需求顺畅地完成行走动作。

（6）液压油缸（动臂、斗杆和铲斗）

挖掘机常采用单杆双作用型液压油缸，如图 7-24 所示。主要用于把液体

图 7-23　液压行走马达及减速机
1—减速机；2—行走马达

的压力能转化为做直线往复运动的机械能，通过油缸活塞杆的伸缩控制工作装置的动臂的升降、斗杆伸收和铲斗的挖掘与卸载。

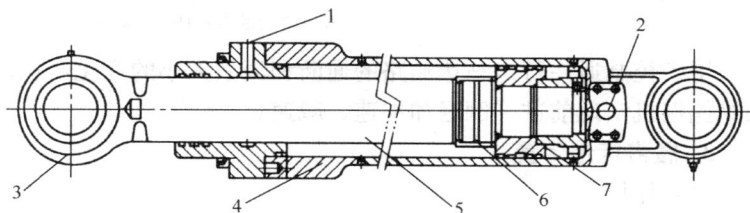

图 7-24　液压油缸结构图
1—小腔油口；2—大腔油口；3—动臂油缸；4—缸筒；
5—活塞杆；6—缓冲套；7—活塞

（7）先导控制阀

先导控制阀又称为伺服阀，主要功能就是通过"低压"控制"高压"。挖掘机驾驶操作中主要用到的先导控制阀有手先导控制阀和脚先导控制阀。

1）手先导控制阀（如图 7-25）

可左、右、前、后扳动，控制通往动臂、斗杆、铲斗油缸和回转马达油路的通断和流量的大小，实现对挖掘机挖掘与装载作业的操控。

2）脚先导控制阀（如图 7-26）

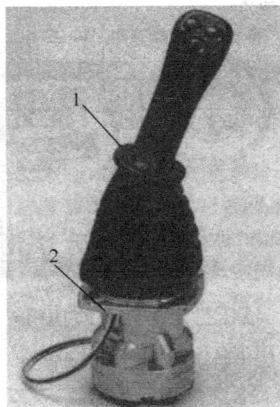

图 7-25　手先导阀外形结构
1—操作手柄；2—先导阀

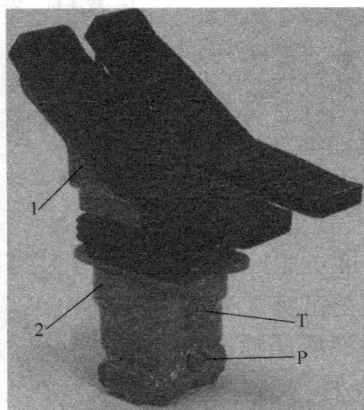

图 7-26　行走脚先导阀外形结构
1—脚踏；2—先导阀；
T—口回油口；P—进油口

用于控制通往行走马达油路的通断和流量大小的变化，从而操纵挖掘机实现前进、倒退和加速、减速。

3. 履带行走装置

（1）作用

履带行走装置是挖掘机用得最多的一种行走装置。履带行走装置是整台挖掘机的支承底座，用来支承挖掘机的所有机构，承受工作装置在工作过程中产生的力，并使挖掘机能做工作性和短距离的运输性移动，其上的回转支承用于实现回转平台以上机构的回转运动。现代液压挖掘机的回转机构普遍采用全回转的液压传动方式。其主要优点是：具有较大的牵引力和较低的接地比压（40～150kPa）；稳定性好；具有良好的越野性能和爬坡能力（爬坡度最大可达 45°）；转弯半径小、转动灵活。

（2）基本结构

如图 7-27 所示为履带行走装置结构原理图。

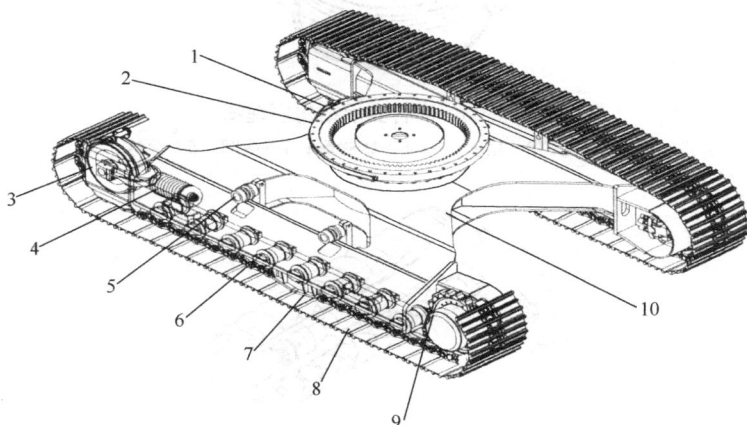

图 7-27　履带行走装置结构原理图

1—黄油管路；2—回转支承；3—引导轮总成；4—张紧装置；5—托链轮；
6—支重轮；7—履带护罩；8—履带总成；9—驱动轮；10—底架

1）回转支承（图 7-28）

内圈与回转马达输出轴齿轮啮合，回转马达输出力矩带动外圈旋转，进而带动整个上部机构回转。

2）张紧装置（如图 7-29）

张紧装置用来调整履带总成的张紧度，方便履带的拆装，并吸收行走架和引导轮的冲击负荷。

3）引导轮总成（如图 7-30）

引导轮起着行走导向的作用。

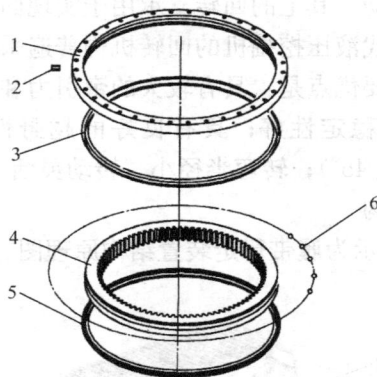

图 7-28 回转支承结构原理图

1—外圈；2—堵塞；3、5—密封圈；4—内圈；6—滚球

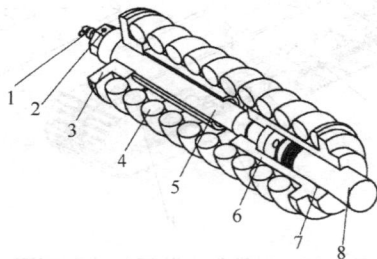

图 7-29 张紧装置结构原理图

1—注油阀；2—紧定螺钉；3—座；4—弹簧；
5—轴；6—缸体；7—密封圈；8—活塞

4) 驱动轮（如图 7-31）

驱动轮固定在行走马达上，通过行走马达输出力矩驱动整机行走。

5) 托链轮（如图 7-32）

托链轮采用浮动密封形式，起到托住链轨、限制履带上分支垂度的作用。

6) 支重轮（如图 7-33）

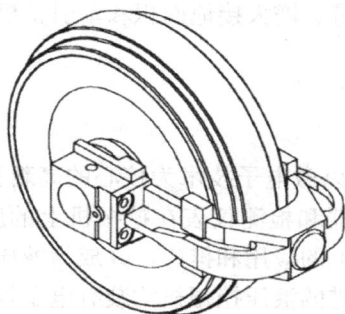

图 7-30　引导轮总成

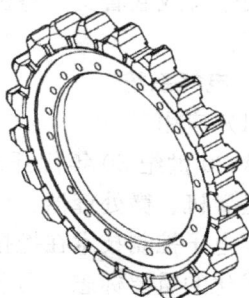

图 7-31　驱动轮

图 7-32　托链轮

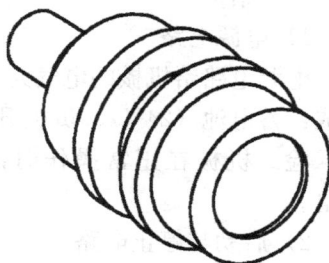

图 7-33　支重轮

支重轮采用浮动密封形式，起着支撑整机重量的作用。

7) 履带总成（如图 7-34）

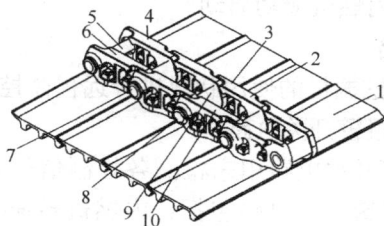

图 7-34　履带总成

1—履带板；2—右主链轨节；3—开口销；4—右链轨节；5—销套；
6—左链轨节；7—销；8—主销；9—主销套；10—左主链轨节

履带总成起着支撑整机重量、增大接地面积和牵引整机行走的作用。

4. 电气系统

（1）应用

从 20 世纪 80 年代开始，以微电子技术为核心的高新技术，特别是微机、微处理器、传感器和检测仪表在挖掘机上的应用，推动了电子控制技术在挖掘机上的应用和推广，并成为液压挖掘机现代化的重要标志。目前先进的液压挖掘机均装有电子控制单元（ECU），用于内燃机和泵阀的电子控制以及工作模式控制和工作状态监控。

（2）结构

1）电源电路

电源电路给机械的电气元件提供电能。电源电路由以下元件构成：蓄电池（24V）、负极开关、发电机、主电源继电器、电源保险。机械在正常操作时，发电机通过充电电路向蓄电池充电。

2）启动与停止电路

启动与停止电路用来启动内燃机和停止内燃机。启动与停止电路由以下元件构成：电锁、启动辅助继电器、启动继电器、先导阀切断开关、内燃机 ECU、启动电机、断油阀继电器。启动与停止电路包含一个启动辅助电路，启动辅助电路在低温环境下加热进气，帮助内燃机成功启动。

3）GPS 电路

GPS 电路对挖掘机的使用状况进行远程监控。

4）传感器/报警开关电路

传感器/报警开关电路用来检测各控制信号并控制报警器的开关。传感器/报警开关电路包括：内燃机转速传感器、液压压力传感器、机油压力传感器、水温报警器、液压油温报警器等。

5）雨刮系统电路

雨刮系统电路用来控制前窗雨刮。雨刮系统电路包括：雨刮电机、雨刮开关、喷水开关、清洗剂电机等。

6）开关盒电路

开关盒电路用来实现挖掘机的微电脑控制。开关盒电路包括：控制器、开关盒、先导压力开关、照明灯等。

7）应急系统电路

应急系统电路用作备用系统，当挖掘机的电控系统出现故障时，可切换至应急系统工作。

第八章　道路驾驶与基础作业

第一节　挖掘机的操作说明

1. 挖掘机方向

挖掘机的左右、前后是以驾驶室位于前方、行走马达位于后方来确定的。如图 8-1 所示。

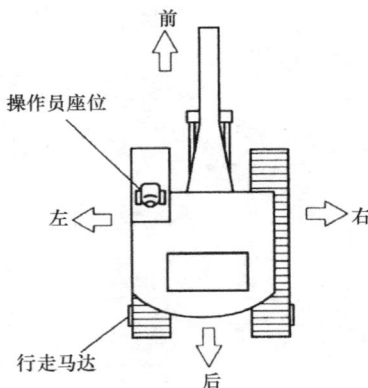

图 8-1　挖掘机方向

2. 开关介绍

（1）液压安全锁开关（如图 8-2）

由于挖掘机的动作是通过液压传动的，安全锁能够及时控制液压的传动。当挖掘机启动后，驾驶员坐在座椅上，将液压安全锁转至解除锁定状态，此时操作手柄或行走踏板，挖掘机才会有相应的动作。当挖掘机不作业或驾驶员要下车时，也应当将液压安全锁转至锁定状态，避免因失误碰触手柄及行走踏板导致安全事故。

（2）电源总开关（如图8-3）

图8-2　液压锁安全开关　　　　图8-3　电源总开关

挖掘机在启动前请务必检查挖掘机总源开关是否打开。在挖掘机长时间不工作的时候，就需要将总电源关闭，可以防止蓄电池漏电。在挖掘机上，即便是挖掘机的钥匙拔出，车顶应急灯、收音机还处于通电状态，只有将电源总开关关闭才能全部关闭，每天下班后都应关闭电源总开关。

（3）内燃机启动开关（如图8-4）

内燃机启动开关，就是插入钥匙启动挖掘机的位置。

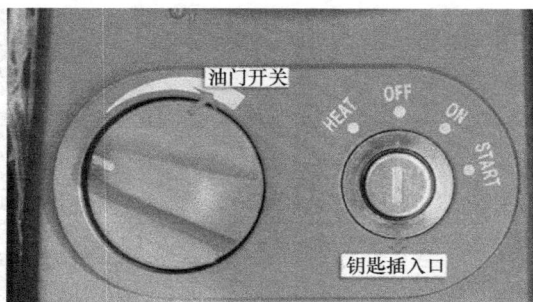

图8-4　内燃机启动开关

1）START，为开始、启动的意思。

2）ON，为接通、开启的意思，当钥匙转至此处，挖掘机整机电路接通。

3）OFF，为断开、关闭的意思，当钥匙转至此处，挖掘机整机电路断开，并可以插拔钥匙。

4）HEAT，为暖机的意思，在气温低时，将钥匙转至此处暖机使用。

当驾驶员进入驾驶室后，将钥匙从钥匙孔插入，并转至 ON 位置，此时电源接通，待仪表盘亮起后，接着转至 START 位置，此时内燃机启动。在气温寒冷时，由于机油黏度的增加以及蓄电池性能的降低，都可能造成启动困难，因此，尽量一次启动成功，空转内燃机进入暖机状态。

（4）仪表盘（如图 8-5）

如果说内燃机是挖掘机的“主板”，那么仪表盘就是挖掘机的“显示器”，时刻能反馈出挖掘机的状态信息，比如说燃油油量、冷却水温度、机油温度、内燃机转速、工作模式、时间、设备保养信息、故障查询等。

挖掘机在作业中可以选择不同的工作模式：S 标准模式、H 重挖模式、L 整修模式、F 微修模式。像其他的挖掘机有 P/H 强力工作模式、M/S 标准模式、E 经济模式等。

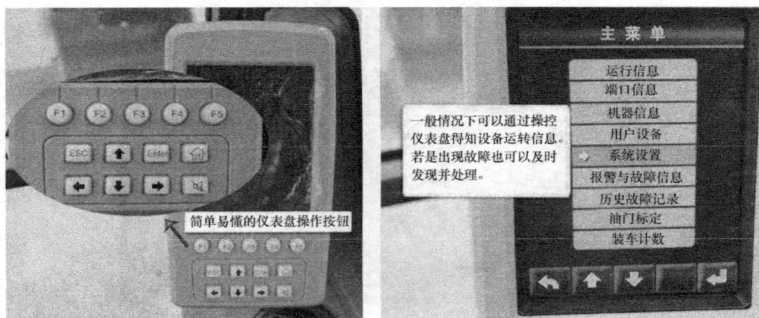

图 8-5　仪表盘

（5）操作手柄（如图 8-6）

操作手柄分左右两个。国内有两种操作方法：因为左操作手

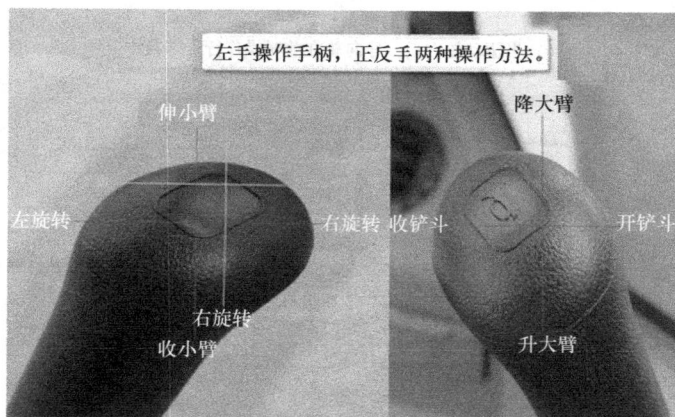

图 8-6　操作手柄

柄设置的不同，分为正手和反手。正手指的是左右旋转方向，反手为上下旋转方向。

　　大多数挖掘机玻璃上也都会贴有铭牌，告知简单的操作方法，但是要用于作业，还是远远不够的。挖掘机手柄的操作不同于汽车的操作，自然状态下手柄处于居中位置。如旋转操作时，需要考虑挖掘机的惯性，摇动手柄，挖掘机便开始转动，松开手柄，手柄自然居中后挖掘机由于惯性还会有继续旋转的趋势，所以操作时应当考虑摇动操作手柄的距离。此外挖掘的大小臂、铲斗伸缩的动作都是利用这两个手柄，随着摆动位置的不同，动作速度及力度都会有变化。由于挖掘机型号及品牌的不同，有的挖掘机手柄附带有瞬间增加功率的功能按钮，比如在吊装时可以增加大小臂的力度，装车作业时提升大臂速度。

　　（6）行走踏板（如图 8-7）

　　将挖掘机摆正，驱动轮在驾驶室后侧，左踏板往前推，挖掘机右转；右踏板前推，挖掘机左转。两个踏板同时前推或后拉，则控制挖掘机的前进或后退。

　　实际的作业中，需要将行走踏板及操作手柄的动作融汇贯

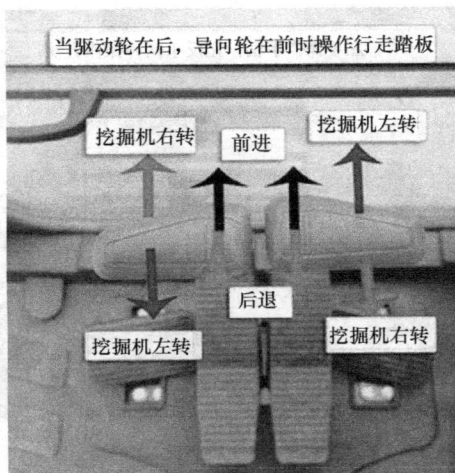

当驱动轮在后，导向轮在前时操作行走踏板

挖掘机右转　前进　挖掘机左转

后退

挖掘机左转　挖掘机右转

图 8-7　行走踏板

通，比如常说的如"过电线""上拖车"等操作中都会用到。驾驶室各控制开关的布局图 8-8、图 8-9。

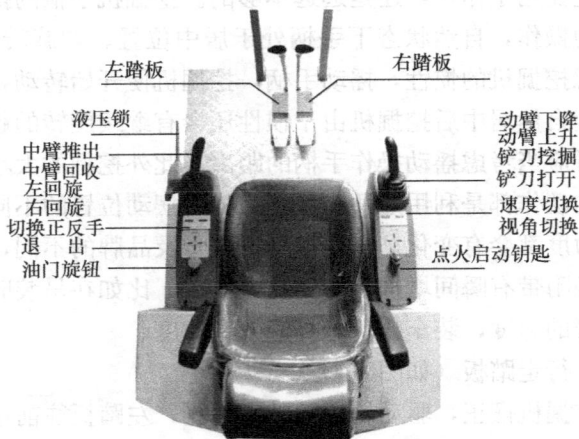

左踏板　右踏板

液压锁
中臂推出
中臂回收
左回旋
右回旋
切换正反手
退　出
油门旋钮

动臂下降
动臂上升
铲刀挖掘
铲刀打开
速度切换
视角切换
点火启动钥匙

图 8-8　常用挖掘机操纵控制手柄

图 8-9　CAT320D 挖掘机驾驶室操纵控制手柄

第二节　挖掘机的基本驾驶

1. 内燃机的操作

（1）启动

1）将点火开关（如图 8-10）转至 1 挡位置。

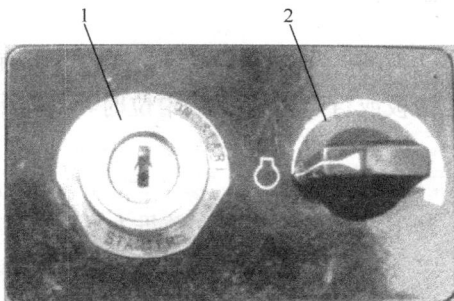

图 8-10　点火开关

2）将点火开关转到起动位置，起动内燃机。释放钥匙，点火开关将回到 ON 位置。为避免起动器的损坏，每次起动操作不可超过 10s。如果内燃机不能起动，释放钥匙，等待 30s 以后再试。

（2）停止

1）将挖掘机停放于地面上，将铲斗降至地面。

2）以怠速运行内燃机 3min。

3）将点火开关转至关闭位置，从开关上拿掉钥匙。

4）拉上先导控制关闭杆，将一切操作杆锁至中位。

2. 挖掘机的操作

（1）行走

行走时，旋转驾驶室使行走马达位于整机后方（如图 8-11）。当在下坡行走时，缓慢地操作控制踏板。

1）踏下两踏板的前部或往前推两操作杆，挖掘机往前走，如图 8-12 所示。

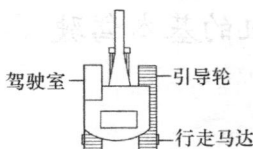

图 8-11 行走时使行走马达 图 8-12 行走操作
位于整机后方

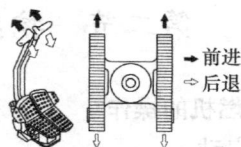

2）踏下两踏板的后部或往后拉两操作杆，挖掘机往后走。

3）当行走踏板或行走操作杆在中位时，行走制动器会自动地刹车。

（2）转向

1）右转 踏下左踏板前部或向前推左操纵杆。

2）左转 踏下右踏板前部或向前推右操纵杆。

3）自旋转 踏下其中一个踏板的前部和另一个踏板的后部，或将其中一个操作杆往前推，并将另一个操作杆往后拉，如图

8-13 所示。

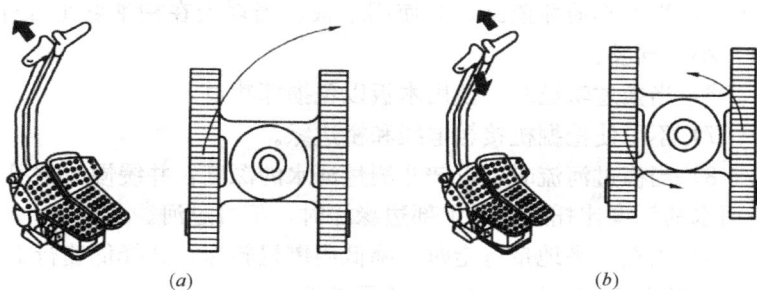

图 8-13　转向操作
(a) 右转；(b) 自旋转

（3）行走速度控制

高速或者低速可以通过按压右控制开关中的行走速度控制开关来选择。

当走下坡时，以低速方式操作机械，不可将行走速度改至高速方式。当挖掘机上、下平板拖车或在狭窄路面行驶时应选择低速挡，同时应取消自动怠速功能。每当改变行走速度时，须停止挖掘机。为了降低行走速度，在斜坡上或者在狭窄空间里行走，将行走速度开关按压至低速位置。

当在拥挤区域内移动、旋转或者操作机械时，请使用信号员。在起动挖掘机之前协调手信号。

1）在寒冷气候，将挖掘机停放在坚硬地面，以免履带与地面冻结在一起。从履带和履带架上清除碎屑。如果履带与地面冻结在一起，利用动臂提高履带，小心转动挖掘机，避免驱动轮和履带的损坏。如果在负载下内燃机停止，须移去负载，即刻起动内燃机。在加负载前以 1200r/min 的转速运转内燃机 30s。

2）移动挖掘机之前，查明移动方向与行走踏板/操作杆的关系。

3）尽量选择平坦的行走路线。尽可能直线驾驶挖掘机，在方向上作微小渐变。

4）检查桥面和路基的强度。如果必要，须增加强度。

5）为了不损坏道路，应使用木板。当夏天在柏油路上操作时，小心驾驶。

6）当横过轨道时，使用木板以免损坏轨道。

7）不可使挖掘机接触电线和桥边缘。

8）当横过河流时，以铲斗测量河水的深度，并缓慢地过河。当河水的深度比托链轮的上部边缘深时，不可过河。

9）当在不平地带行走时，降低内燃机转速，选择低速行走。较慢的速度将减少挖掘机损坏的可能性。

10）避免可能损坏履带和底架组件的操作。

11）在冰冻气候时，装载和卸载挖掘机之前要清除履带脚部的雪和冰，以避免挖掘机打滑。

（4）驻停

1）将挖掘机停放在平地上，斗杆垂直地面，将铲斗降至地面。

2）将内燃机转速降至急速。

3）以急速运转内燃机 3min。

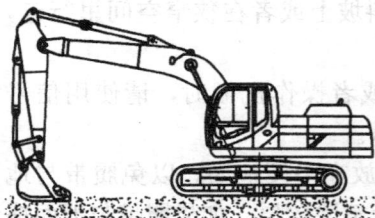

图 8-14 正确停放挖掘机

4）将点火开关转至 OFF 以停止内燃机，从开关上取下钥匙，如图 8-14 所示。

① 将先导控制关闭杆拉至锁紧位置。

② 当挖掘机长时间（1 天以上）不工作时，请断开电源开关。

保护驾驶室内的电器元件避免受坏天气的影响。当驻停挖掘机时要将窗户、车顶通风窗和驾驶室门全关上。

（5）先导控制关闭杆

先导控制关闭杆（如图 8-15）可关闭通往先导控制阀的液压先导油。先导控制关闭杆在锁住位置时，即使不小心移动操作

先导控制关闭杆

图 8-15　先导控制关闭杆

杆或踏板，挖掘机也不会移动。

在停止内燃机或者离开操作员座位时，都要将操作杆往上拉至锁住位置。

在起动内燃机之前，必须确保安全杆拉到"锁住"位置。如果安全杆在"开锁"位置，将无法起动挖掘机。上、下车时不要攀爬安全杆。

经常检查确保关闭杆在完全锁住位置，以便避免挖掘机的意外移动。

（6）操纵杆（标准方式）

当挖掘时，行走马达应该置于后方，以便使链带和链轮的负载减为最小，并且使挖掘机的安定性和提升能力为最大。避免履带和动臂缸的接触。

当操作杆被释放时，它将回到中立位置，挖掘机功能将停止。如图 8-16、图 8-17 所示为操纵杆操作方向与动作的关系。

不可使身体任何部分超出窗架。若将身体超出窗架，易意外碰到控制操作杆，可能会被动臂碰伤。如果窗户遗失或损坏，立即更换。在操作之前，需熟悉每个控制的位置与功能。

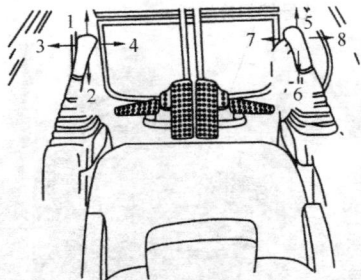

图 8-16　操纵杆操作方向与动作的关系

1—斗杆卷出；2—斗杆卷入；3—左方旋转；4—右方旋转；

5—动臂降低；6—动臂提升；7—铲斗卷入；8—铲斗卷出

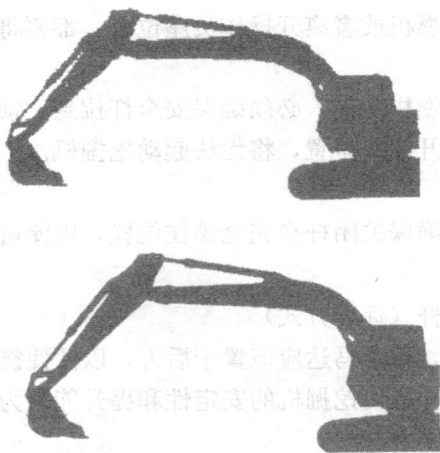

图 8-17　挖掘机动作方向

3. 特殊路面的行驶操作

（1）斜坡上的行驶

当在斜坡驾驶挖掘机行驶或作业时，需注意：

1）不可倒退着下坡行驶。

2）当在斜坡上工作时，转弯或操作工作装置会使挖掘机失去平衡而翻倒。

3）当铲斗装有负载时，朝下坡方向回转非常危险的。如果必须进行操作，要用土在斜坡上堆起一个平台，以便操作时使挖掘机保持平稳。

4）不得驶上或驶下非常陡的坡，易有倾翻的危险。

当驶上超过15°以上的陡坡时，把工作装置调到如图8-18所示的状态，使铲斗底离地20～30cm。

下坡时，将内燃机设置到低挡位，低速挡行走，当驶下超过15°以上的陡坡时，把工作装置调到如图8-19所示的状态，使铲斗底离地20～30cm。

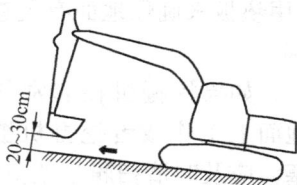

图8-18　上坡

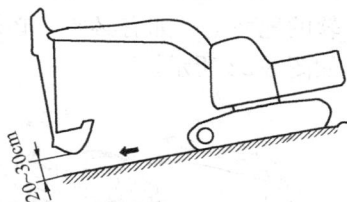

图8-19　下坡

当驶上超过25°以上的陡坡时，把工作装置调到如图8-20所示的状态，使铲斗离地20～30cm，低速行走。

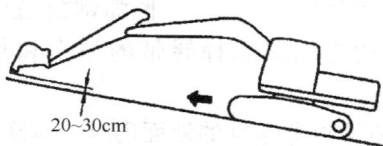

图8-20　上陡坡

（2）使用动臂和斗杆提升单侧履带（如图8-21）

将动臂和斗杆之间的角度保持在90°～110°，并将铲斗的圆弧部位放置于地面，旋转上部平台90°和降下铲斗来提升，使履带离开地面。

若需长时间使挖掘机保持单侧履带提升的状态，应在行走架

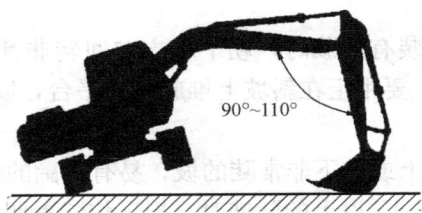

图 8-21　提升单侧履带

底放置砖块以支承挖掘机。

（3）在软地上的操作

操作挖掘机应避免行走在没有足够强度来结实地支持整机的非常软的地面上。如有必要，必须采用垫板来确保地面有足够强度，如图 8-22 所示。

图 8-22　软地操作

如果挖掘机在非常软的地面上工作或者挖掘机被阻塞，应及时清扫履带架范围，方法是：旋转上部平台 90°并降低铲斗来提升履带离开地面，保持动臂和小臂之间的角度为 90°～110°，将铲斗的圆弧部放置于地面，以前后转动被提升履带的方法来除掉履带的泥土和灰尘，如图 8-23 所示。

当驾驶挖掘机通过非常软的地面内时，应降低内燃机转速和

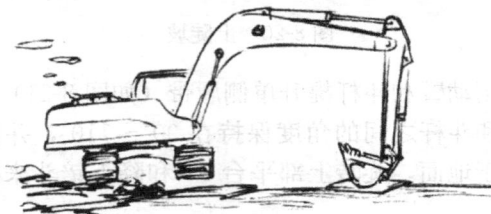

图 8-23　提升单边履带

减低行走速度，小心地移动挖掘机至结实的地面。

当挖掘机被非常软的地面阻塞，但还能操作其内燃机时，可选用合适的钢缆，采用拖拉的方式将挖掘机拖至结实的地面。

（4）在水或泥水里操作

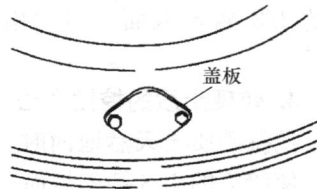

只有工作地带地基有足够的强度来避免挖掘机下沉超过托链轮的上部边缘，挖掘机才可以在低于托链轮上部边缘的水中被操作，如图 8-24 所示。

当在这种环境下操作时，要经常检查挖掘机位置。如果需要，可重新调整挖掘机位置。避免淹没回转轴承、回转齿轮和中心接头。如果回转轴承、回转齿轮和中心接头被淹没，移开回转齿轮室盖板，排除泥水和水，清扫回转区域。装上盖板，润滑回转内部齿轮和回转轴承，如图 8-25 所示。

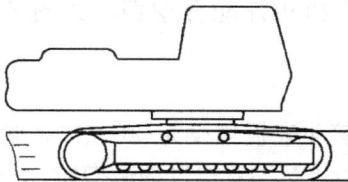

图 8-24　在水或泥水里操作　　　　图 8-25　回转齿轮室盖板

第三节　挖掘机的挖掘作业

1. 高效的挖掘方法

当铲斗油缸和连杆、斗杆油缸和斗杆均呈 90°时，每个油缸推动挖掘的力为最大，要有效使用该角度，以提高工作效率，如图 8-26 所示为最佳挖掘姿态。

2. 斗杆挖掘范围

斗杆从远侧 45°至内侧 30°的角度，随挖掘深度的变化，斗杆的挖掘范围会稍有差异，但大致在该范围内操作动臂及铲斗，而不应操作至油缸的行程末端，如图 8-27 所示。

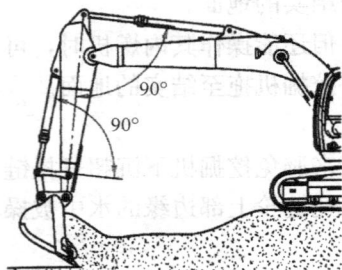

图 8-26　最佳挖掘姿态

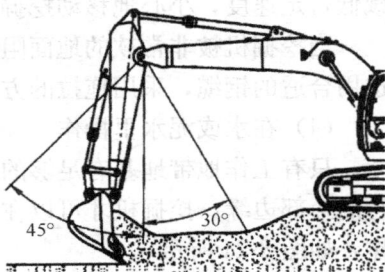

图 8-27　斗杆挖掘范围

3. 松软土质的挖掘方法

挖掘松软土质时，铲斗底板角宜设为 60°左右（这样比自由角度约提高 20％的工作量），一面下降动臂，一面收斗杆，使铲刃的 2/3 插入地面，然后用铲斗和斗杆配合挖掘，如图 8-28 所示。

4. 较硬土质的挖掘方法

挖掘砂质土天然地面时，把铲斗底板角设为 30°左右，收斗杆，使铲刃的 1/3 插入地面；一边进行动臂提升的微操作，一边使铲斗底板与地面保持 30°，水平收斗杆；根据泥土进入铲斗的状况，用铲斗进行挖掘。如图 8-29 所示。

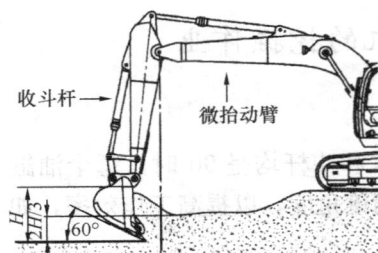

图 8-28　松软土质挖掘方法

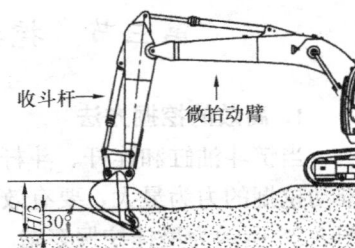

图 8-29　较硬土质挖掘方法

5. 上方挖掘作业

上方挖掘作业时，要把铲斗底板角设置为近乎垂直，保持该状态，然后收斗杆、下降动臂进行挖掘。同时注意保持机械前沿和落土之间适当的距离，如图 8-30 所示。

上方挖掘顺序如图 8-31 所示，原则上按照图中①～④的顺序挖掘。①和②用斗杆力、铲斗力进行挖掘。这时不要用力猛推，以免挖掘机车体前方翘起（负载解除时下落冲击力很大）。③和④时用动臂推搋，利用车体重量挖掘。这时提升动臂操作要控制好，以免挖掘机体过分翘起。

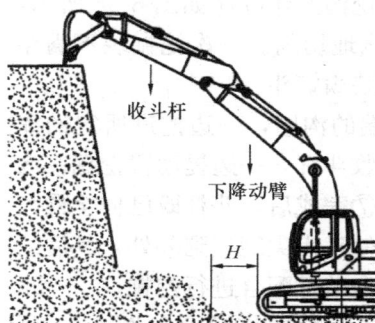

图 8-30　上方挖掘方法

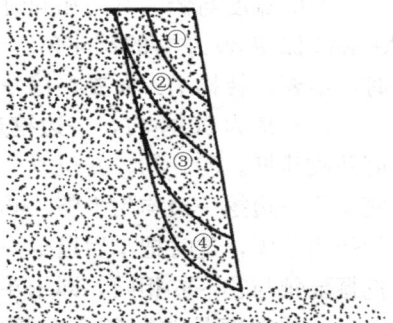

图 8-31　上方挖掘顺序

6. 挖沟作业（图 8-32）

（1）操作要领

挖掘天然地面时，铲斗底板角与地面保持 30°左右，收斗杆的同时提升动臂进行挖掘。斗杆接近垂直时，斗杆力最大，能更多地承载负荷，但要控制好不能让斗杆溢流，也不能让车体向前方翘起。开始挖掘时，不要把斗杆伸至最大作用范围，而要从 80%左右开始挖掘。斗杆在最大作业范围时，斗杆的挖掘力最小，挖掘难以进行。另外，为便

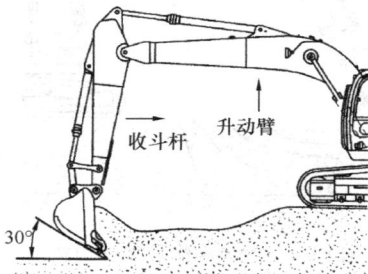

图 8-32　挖沟作业

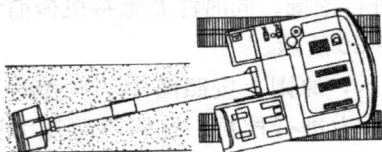

图 8-33　用铲斗侧压住沟侧面

于挖掘、平整最前端的作业地段，斗杆作用范围要留有余地，挖掘比铲斗宽的沟渠时，要用铲斗侧压住沟侧面（图 8-33），一边压紧一边挖掘。

（2）操作顺序

沟的宽度与铲斗宽度相同时，挖沟操作顺序如图 8-34 所示，①和②保持 30°左右的铲斗角。浅浅地切削。一次挖掘装不满斗时，不要回转排土，而要再挖一次装满铲斗。

铲斗角为 90°左右，一边挖远端的沟壁，一边挖进所定的深度并收斗杆。④、⑤、⑥位置一边收斗杆，一边提动臂挖掘。沟底面要一边挖一边均匀平整。⑥或⑦完成后，斗杆既已伸至最大的作用范围，这时把车后退少许，使斗齿尖能挖到⑧处，其后的挖掘要领与④～⑥相同，即用斗杆和动臂配合进行挖掘。

沟的宽度是斗宽的 1.5 倍时，挖掘操作顺序如图 8-35 所示。一开始把车体位置设定在可用斗杆向正前方挖掘的 A 部，通过回转挖掘 B 部。交替进行 A 和 B 部作业，一边挖一边使沟成形。

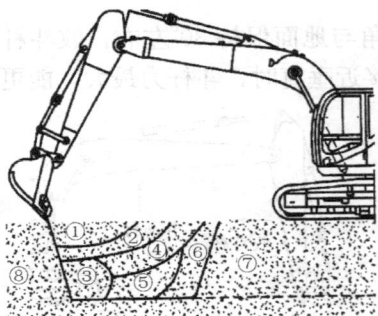

图 8-34　挖沟操作顺序（沟宽
等于斗宽）

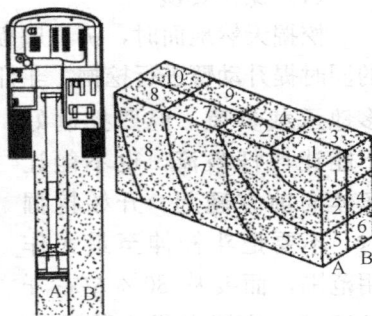

图 8-35　挖沟操作顺序（沟宽为
斗宽的 1.5 倍）

（3）挖掘后的排土（如图 8-36）

挖掘后回转排土，回转 45°角左右，从前方开始顺次向 2 倍于沟宽的区域内排土。排土区域过宽影响复填的效率。排土时，采用回转与动臂提升、回转与动臂、斗杆、铲斗复合操作，不要停顿，要快速而匀滑动作。动臂提升量要控制在最小限度，即铲斗排土不碰到土堆，这样可缩短循环周期，减少燃油消耗。

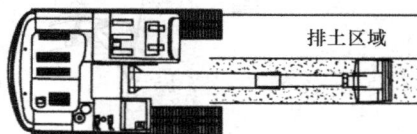

图 8-36　挖掘后排土

7. 工作面平整作业

如果工作面是松土，用铲斗底对地面稍加推压，一面保持一定的铲斗角度，一面提升动臂收斗杆，如图 8-37 所示为斗底工作面平整作业。

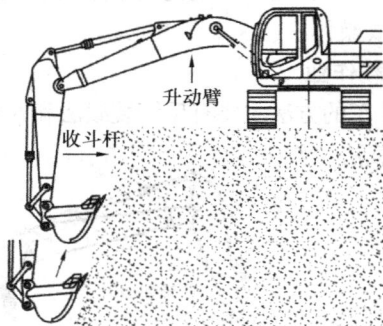

图 8-37　斗底工作面平整作业

如果工作面是天然地面，平整时用铲斗浅浅地掘，如图 8-38 所示。如果工作面在挖掘机的上方，应使铲斗底部的角度与工作面的坡度一致，然后一边保持铲斗角不变，一边降动臂收斗杆，用铲斗尖铲削，如图 8-39 所示。铲斗角过大时，齿尖会切入工作面，使铲削过度，因此，保持好铲斗角度很重要。如果来不及修正铲斗角时，可暂时停止动臂和斗杆动作，修正好角度后再继续作业。同时注意保持机械前沿和落土之间适当的距离。

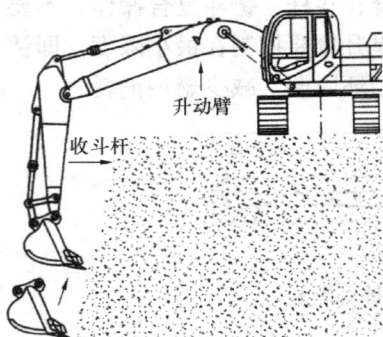

图 8-38　斗齿工作面平整作业　　　　图 8-39　上方工作面平整作业

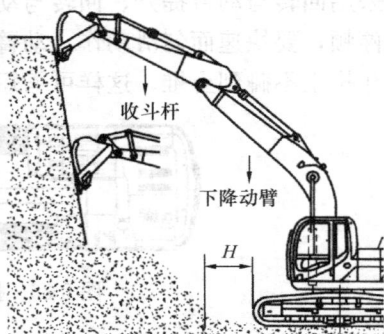

　　粗略平整时，斗杆操作杆使用全行程，作业速度快；精平整时，使用半行程；细平整时，应使内燃机转速控制在全速的 50%～70% 进行微操作。

8. 翻斗车装载作业

挖掘机装翻斗车的方法主要有反铲装载法和回转装载法两种。

（1）反铲装载法（图 8-40）

图 8-40　反铲装载法

挖掘机从高于翻斗车的地基上装车。此种方法效率较高，视野好，易装载。

采用此法装载时，可通过设置平台高度与翻斗车车厢相同或略高，平台要平整、牢固。翻斗车倒车时，注意铲斗的位置，达到易观察的位置后，挖掘机鸣喇叭提示停车。

（2）回转装载法（图 8-41）

挖掘机和翻斗车在同一水平的地基上装车，挖掘机必须回转。这种方法的工作效率低于反铲装载法，只在场地条件限制时使用。同时注意翻斗车尾与机械保持适当距离，防止碰撞。

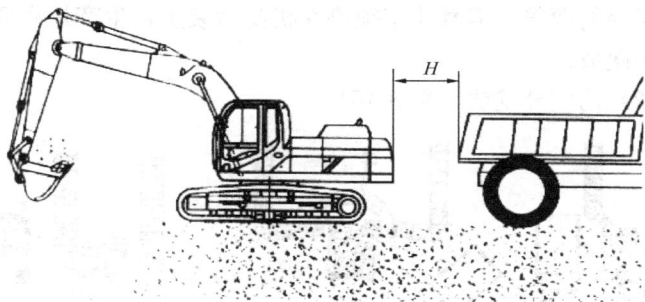

图 8-41　回转装载法

在作业过程中，动臂提升回转时铲斗的升高量应适应翻斗车的高度。左回转的视野较好，易装载。一般从车厢前部按⑥的顺序装车（图 8-42）。这样不仅便于装载，还可以确保视野。

图 8-42　装车顺序

图 8-43 把车厢内的土扒平

装最后一斗排土时，采用伸展斗杆与铲斗复合操作，把车厢内的土扒平（图 8-43）。

9. 开挖路线和翻斗车相对位置

（1）沟端开挖法（如图 8-44）

挖掘机停于沟端，后退挖土，往沟一侧装车。回转范围仅 45°，并可挖到最大深度。对较宽的基坑可采用图 8-44（b）所示的方法，其最大一次挖掘宽度为反铲有效挖掘半径的两倍，但翻斗车须停在机身后装土，生产效率低，适用于一次成沟。

（2）沟侧开挖法（图 8-45）

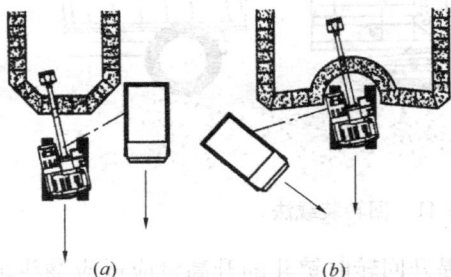

（a）　　　　　　（b）

图 8-44　沟端开挖法

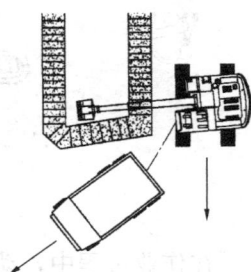

图 8-45　沟侧开挖法

挖掘机停于沟侧边沿开挖，翻斗车停于沟端。此法回转角度小，但挖掘宽度比挖掘半径小，边坡不好控制。由于机身靠沟边停放，稳定性较差，适用于横挖土体和需要将土甩到离沟边较远距离时采用。

（3）沟角开挖法（图 8-46）

挖掘机停于沟前端的边角上，随着沟槽的掘进，机身沿着沟边往后做"之"字形移动，回转角度平均在 45°左右，机身稳定性好，可挖较硬的土体，并能挖出一定的坡度。适用于开挖土质

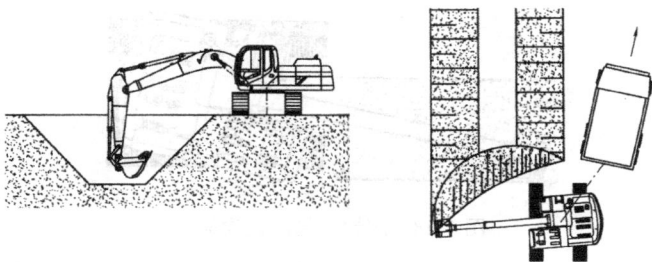

图 8-46 沟角开挖法

较硬、宽度较小的沟槽（坑）。

（4）多层接力开挖法（如图 8-47）

用两台或多台挖掘机在不同的作业高度上同时挖土，边挖土边将土转移到上层，由地表挖掘机连挖土带装土；上部可用大型挖掘机，中下层用大型或中型挖掘机进行挖土和装土，均衡连续作业。一般两层可挖深 10m，三层可挖深 15m 左右。此法一次就可以开挖到设计标高，避免翻斗车在坑下装运作业，提高作业效率。适用于开挖土质较好、深 10m 以上的大型基坑、沟槽和渠道。

图 8-47 多层接力开挖法

10. 箱形坑的挖掘作业

挖掘机可挖掘长、宽均为铲斗宽度的两倍，坑深是一个铲斗高度的箱形坑。挖掘时，铲斗尖垂直于地面，操作动臂、铲斗杆、铲斗，逐渐往下挖，以保证挖掘面平直。坑左右两侧面的垂直整平按挖沟的要领实施，如图 8-48 所示为用铲斗侧压住沟

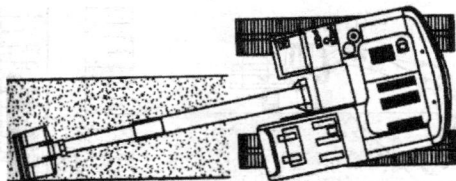

图 8-48　用铲斗侧压住沟侧面

侧面。

整平远离挖掘机的侧面时，铲斗伸展至 80％ 左右，而不要从最大的伸展位置开始。用斗齿尖接触挖掘面，一面下降动臂，一面微伸斗杆，同时一点一点地打开铲斗，确保侧面垂直平整，如图 8-49 所示。

整平近车身一侧的侧面时，用斗齿尖接触挖掘面，使斗杆与地面垂直，一边下降动臂，一边微伸斗杆，同时逐渐打开铲斗以确保作业面垂直、平整，如图 8-50 所示。

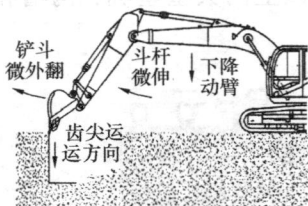

图 8-49　整平远身侧面

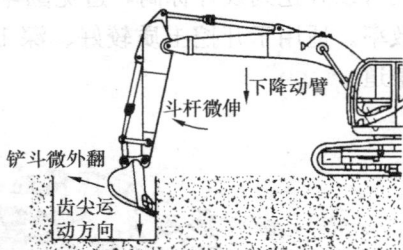

图 8-50　整平近身侧面

坑底面的平整，先用斗齿尖在坑底扒拢后，再使铲斗底面水平后铲挖。

11．扒拢作业

扒拢作业有两种作业方法：用铲斗尖扒拢和用铲斗底面扒拢。

（1）用铲斗尖扒拢（图 8-51）

用铲斗尖在地面上水平移动扒拢土石，为保持铲斗尖水平移动，操作时需要同时操作动臂和斗杆。具体操作如下：先伸展斗杆，降下动臂，使铲斗尖与地面垂直。在斗杆成垂直位置前，一边向近身一侧收斗杆，一边一点一点地提升动臂。斗杆越过垂直位置后，一点一点地降下动臂。

（2）用铲斗底面扒拢（图8-52）

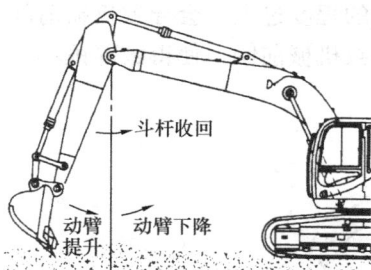

图8-51　用铲斗尖扒拢

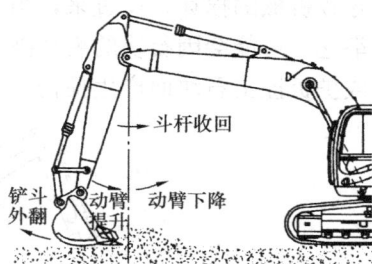

图8-52　用铲斗底面扒拢

用铲斗底面在地面上水平移动扒拢土石，为保持铲斗底面水平移动，操作时需要同时操作动臂、斗杆和铲斗。具体操作：先伸展斗杆，降下动臂，使铲斗底面与地面成水平，然后向近身侧收斗杆。当斗杆在达到垂直位置之前，在收斗杆的同时一点一点地提升动臂，以保持铲斗底面水平移动。当铲斗杆位置越过垂直位置后，在收斗杆的同时一点一点地降下动臂，且铲斗要一点一点地复位。

铲斗底面的扒拢作业也适用于农田整地作业。

12. 破碎操作

当使用破碎锤时，请确认钎杆顶点方向与击破物的表面垂直（图8-53），并尽可能地随时保持。如果与破碎物为倾斜状态，则钎杆有可能自表面

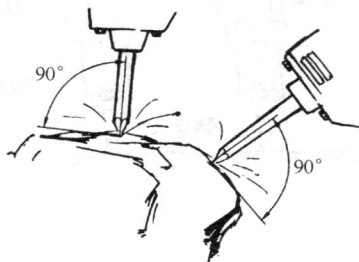

图8-53　钎杆垂直于击破物表面

105

滑开，在此种情况下，将会导致钎杆损毁并影响活塞。在破碎时，先选择适当的打击点，并确认钎杆确实稳固后，再进行打击。

正确加载将有助于破碎工作的快速进行（图 8-54）。以将机械前端提升 5cm 左右为宜。加载不足，将使打击力量无法全部发挥；同时，破碎锤的打击力量会反振至破碎锤体及机械本身，导致机械的损坏，反过来，当加载的程度过大，会导致机械前部举起，可能会因石块的突然破碎导致机械前倾，使得破碎锤本体或护板撞击石块而产生损伤。

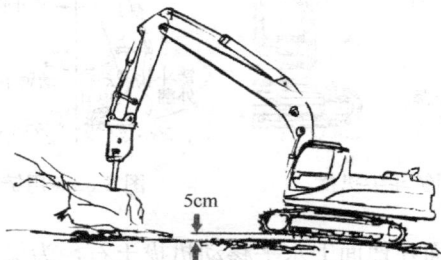

图 8-54　正确加载

进行破碎作业时需注意：

（1）当目标物为较大或较硬的石块时，先从边缘处破碎（如图 8-55）；

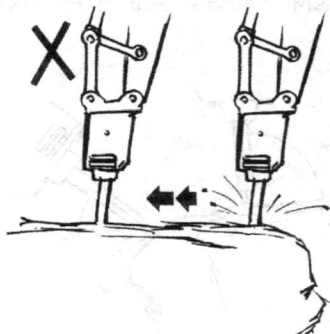

图 8-55　先从边缘处破碎

（2）不要进行水平破碎作业（图 8-56）；

（3）不要在破碎过程中进行其他操作；

（4）不要作回转破碎（图 8-57）；

（5）不要摇动破碎锤（图 8-58）；

（6）不要撞击破碎（图 8-59）。

勿使打击动作持续操作 1min 以上。当在同一点连续打击 1min

以上而不能将目标物击碎时，需要改变打击的选定点再进行尝试。试图在同一点不断打击会造成钎杆的过度损耗。

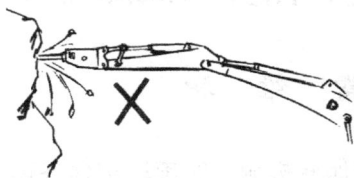

图 8-56　进行水平破碎作业

图 8-57　作回转破碎

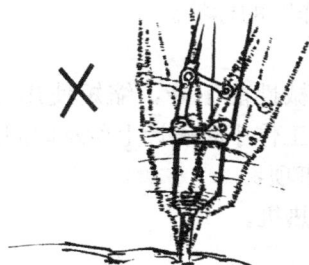

图 8-58　摇动破碎锤

图 8-59　撞击破碎

第九章　挖掘机的检查、保养与故障排除

第一节　日　常　维　护

操作手应学会如何正确地维护保养机械。实施维护保养前，需将机械按要求熄火停放好；如果必须在内燃机运转条件下实施维护，不可使机械无人操作。另外，当机械上没有实行任何工作时，务必在右控制杆上挂上"请勿操作"的标签。

1. 新车磨合

新车一开始就过度使用，会使机械性能下降，缩短使用寿命。因此一定要在最初的 100h 左右（工作小时表计上所示时间）进行磨合运转。磨合运转请注意以下事项：

（1）起动后怠速运转 5min，进行热机。

（2）避免重载或高速作业。

（3）应避免突然起动、突然加速、不必要的突然停车和突然转向。

（4）遵守相应的安全操作规程。

2. 起动前的检查

（1）工作现场的安全检查

1）开始作业前，确认工作场地是否有危险源。

2）准确判断工作场地的地层和土质情况，以便选择最佳的作业方法。

3）地面倾斜场合，尽可能整平之后再进行作业。尘土大时可酌情洒水后再进行作业。

4）在街道上的作业，应设置指挥人员，确认工作场地有围挡和"禁行"指示标志。

5）工作场地下埋有水管、煤气管、高压电缆等时，作业需注意以免造成破坏。

6）在水中作业及跨渡浅水时，在调查清楚水面的状况、水深以及水的流速后方可作业或跨渡；禁止在超过允许深度的水中作业。

（2）内燃机的检查

1）每天第一次起动内燃机前，应进行下列检查：

① 检查内燃机、蓄电池周围是否堆有易燃物、燃油等情况；

② 驾驶座周围的零件和工具的放置情况；

③ 后视镜、扶手和扶梯上是否干净。

2）巡回检查。检查冷却水的水量、润滑油油量、燃油油量、液压油箱的油量、空气滤清器是否堵塞、各连接线路管路是否有破损等。

3）日常性检查：

① 驾驶座椅调整到适于操作的位置，检查座椅安全带和安装用金属件是否损伤和磨损，注意驾驶座的调整和座椅安全带的使用。

② 检查仪表仪器的状况，确认操纵手柄等是否处于停车状态，对仪表仪器状况进行完好确认。

③ 检查车窗玻璃是否清洁。

④ 如果在上述检查中发现异常之处时必须先进行故障排除，并挂牌示意，图 9-1 为请勿操作标志示意图。

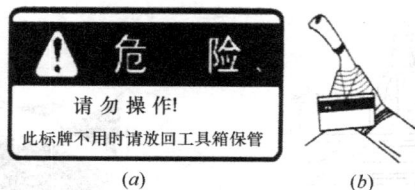

图 9-1　请勿操作标志示意图
（a）请勿操作标牌；（b）请勿操作挂牌示意

4）起动内燃机时的注意事项：

① 上下挖掘机之前确认周围是否有人，是否有障碍物。

② 工作装置操纵手柄上挂有警告标牌时，切勿起动内燃机。

③ 起动内燃机时，应鸣喇叭示警后进行。

④ 只有坐在座椅上时才可起动内燃机。

3. 起动后的检查与注意事项

（1）内燃机起动后的检查

内燃机起动后的检查，可以帮助尽早发现异常情况，从而避免造成人身事故或挖掘机损坏。检查时应在没有障碍物的宽阔地带进行。避免非专业人员靠近挖掘机。

1）检查挖掘机的动作情况，铲斗、大小臂、行走和回转系统的动作情况。

2）检查挖掘机的声音、振动、温度、气味，以及是否有仪器异常、漏气、漏润滑油、漏燃油等情况。

3）对发现的异常问题，及时予以维修解决。

（2）行驶中的检查

1）检查履带车架的朝向。链轮在前方时，行走操纵手柄的操作方向相反，操作时需注意，如图 9-2 所示。

2）行驶前再次检查确认周围无人或障碍物。

3）检查喇叭是否正常，行驶前鸣喇叭以示警告。

4）必须坐在驾驶座上操作，并检查安全带是否系好，如图 9-3 所示。

图 9-2　操作时注意事项　　　图 9-3　系好安全带

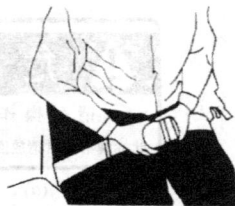

5）驾驶员确认除助手席之外的地方没有载人。

6）确认行走报警器等工作是否正常。

7）检查驾驶室门锁是否锁好。

（3）换挡及回转时的注意事项

为防止重大伤亡事故的发生，开动挖掘机或工作装置前必须注意下列事项：

1）从前进变为后退或进行相反操作时，应提前放慢速度，停止挖掘机之后再进行切换，如图 9-4 所示。

2）每次变换操作前，均需鸣喇叭警告周围人。

3）确认挖掘机周围没有任何人，特别是机体后方视线无法达到的地方。必要时，倒车前缓慢旋转到能看清后方的位置，以确认周围无任何人，如图 9-5 所示。

图 9-4　后退提前放慢速度　　图 9-5　看清后方无人再倒车

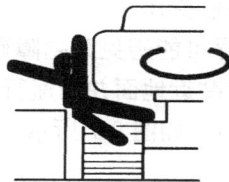

4）危险和能见度差的地方应设置指挥人员。

5）确认前进和回转方向没有人。

即使装有行走报警器和后视镜的挖掘机，也应严格遵守上述事项。

（4）行驶时的注意事项

1）行驶时严禁把起动开关的钥匙转到 OFF（关）的位置。行驶中内燃机熄火，会造成不能控制方向，非常危险。

2）操作时需精力集中，不得左顾右盼。

3）行驶中不得速度过快、突然行驶、急停、突然回转或走之字形等，否则易引起挖掘机倾翻。

4）作业中发现异常（异声、振动、气味、仪表不正常、漏

行驶姿态

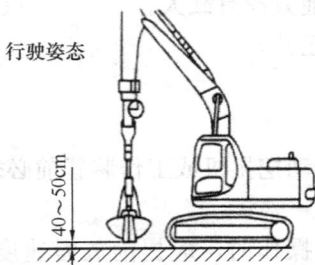

图 9-6 将工作装置抬高
地面 40～50cm

气、漏油等），应立即将挖掘机停到安全的地方并找出原因。

5）在平坦的路面行走时，要将工作装置抬离地面 40～50cm，如图 9-6 所示。

6）操作工作装置操纵手柄时，要小心和稳定，不得随意摇晃。

7）作业中不得做突然转向的操作。这样工作装置会碰到地面破坏挖掘机平衡，损害挖掘机或附近的建筑物。

8）在不平整的地面上行驶时，应低速行驶，变更路线时，应避免突然操作。

9）尽可能避免跨越障碍物的行驶。必须跨越障碍物时，将工作装置贴近地面并低速行驶。但请不要横跨倾斜度大的障碍物（10°以上），如图 9-7 所示。

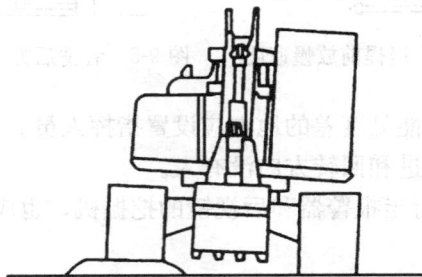

图 9-7 跨越障碍物低速行走

10）行驶和作业中为避免发生碰撞其他机械和建筑物的事故，要保持规定的距离。

11）遵守允许的水深规定。

12）通过公路的桥梁和建筑物时，应事先确认是否能承受挖掘机的重量。驾驶履带挖掘机在公共道路上行驶时，应与有关部门确认并遵照其指示执行。

13）作业前，要预先确认没有危险。

14）深坑外作业时，请确保地基的强度。为便于倒退避让，车体要与坑边缘垂直，行走马达置于车体的后方。如果不将行走马达置于车体后方，万一误操作行走操纵手柄，车体会向前方移动导致车体倾翻。

15）在道路上作业时，应安排指挥人员和设置围挡，以确保过往车辆和行人的安全。

16）必须在已确定的技术规格范围内作业。在作业范围外使用挖掘机，会有车体倾翻以及损伤伸缩臂的可能，如图 9-8 所示。

17）在没有配置吊车所需的安全装置的情况下，不可将挖掘机作为吊车使用，如图 9-9 所示。

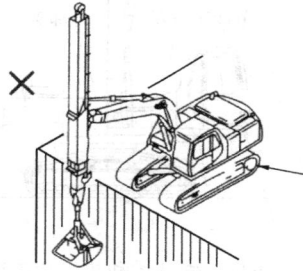

图 9-8　超作业范围的使用

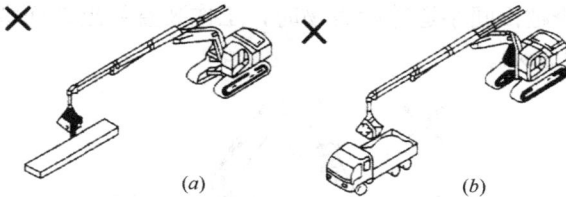

图 9-9　把挖掘机当作吊车使用
（a）请勿用挖掘机吊运材料；（b）请勿用挖掘机吊运重物

（5）操作滑移式驾驶室移动时的注意事项

1）收回滑移式驾驶室时，应确认驾驶室后方和外部盖板之间没有人，然后再进行滑移操作。

2）收回滑移式驾驶室时，应确认滑移车架的止动块 1 和标准车架 2 之间没有人把手伸入，然后再进行滑移操作，如图 9-10 所示。

3）伸出滑移式驾驶室时，应确认滑移止动块 3 处没有人把手伸入，然后再进行滑移操作，如图 9-10 所示。

（6）倾斜地面作业注意事项

1）行驶时，铲斗一般提升到距离地面的 20～30cm 的高度上行驶。此外，勿倒车下坡，如图 9-11 所示。

驾驶室后方　外部盖板

图 9-10　确认运动块安全再进行
滑移操作
1、3—止动块；2—车架

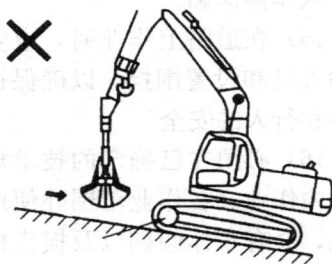

图 9-11　倒车下坡

2）跨越田间小道等障碍物时，工作装置靠近地面缓慢行驶，如图 9-12 所示。

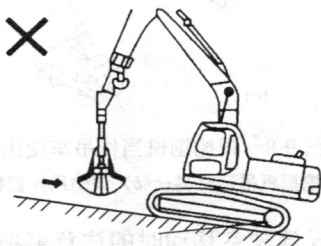

图 9-12　跨越障碍物缓慢行驶

3）禁止在倾斜地面上转向和横穿斜面；若必须转向或变换位置时，应回到平地上安全地完成这些动作。车体打滑或不稳定时请立即放下铲斗，并制动车体，如图 9-13 所示。

图 9-13　车体打滑立即放下铲斗

4）禁止在倾斜地面上作业。在倾斜地面上作业操作工作装置回转时，车体会失去平衡而倾翻，特别是铲斗装有砂土状态时向谷底方向回转是非常危险的。必须进行操作时，必须在斜面上堆上坚实的土堆使地面水平后再进行操作，如图9-14 所示。

5）请勿在 15°以上的坡道上行驶，车体有倾翻的危险，如图 9-15 所示。

图 9-14　在倾斜地面上作用　　图 9-15　在 15°以上坡道行驶

（7）操作时注意事项

1）行驶时禁止将挖掘机工作装置以及铲斗举升过高，以免发生事故，如图 9-16 所示。

2）操作操纵手柄必须缓慢，特别是伸缩臂伸长状态下，应避免突然回转、拉伸或收缩伸缩臂。因为这种操作会使车体倾翻、损伤钢丝绳和伸缩臂，如图 9-17 所示。

3）为确保能见度，应注意：

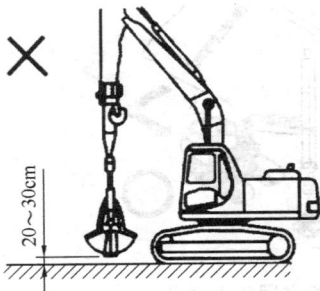

图 9-16　行驶时将工作装置
举升过高

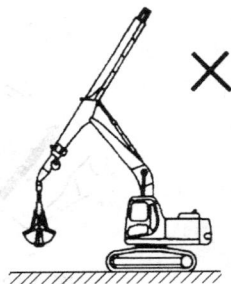

图 9-17　伸缩臂伸出，
避免突然回转作业

① 在黑暗的地方打开挖掘机的工作灯和前照灯，此外根据需要增设照明设施来提高亮度。

② 因雾、雨、雪等造成能见度差时，应停止作业，等到天气放晴，能见度不影响作业才能进行。

4）为防止工作装置的碰撞，应遵守：

① 在隧道、旱桥、电线下、进入车库等限制高度的场所进行作业时，注意不要碰撞工作装置和驾驶室等。

② 为防止碰撞事故，在狭小、杂乱的工作场地作业时，注意操作速度，确保挖掘机安全。

③ 不要将铲斗从作业人员的头顶和自卸车的驾驶座上方通过。

5）上方有电线，应注意：

① 不要让挖掘机接触上方的电线。不能靠近高压电线，由于靠近也会造成事故。

② 为防患于未然，必须严格遵守：

A. 在可能发生挖掘机触及电缆的危险工地上，应事先向电力公司咨询，确认按照规定处理之后再进行作业。

B. 穿戴胶底鞋、橡胶手套。在驾驶椅上放橡胶垫，注意保护身体部位不要触碰到机体。

C. 为免挖掘机过于靠近电线，应设置警告指挥员。事先商定非常情况下的联系信号等。

D. 事先向电力有关部门咨询作业现场的电线电压，并严格执行最小安全距离。

6）积雪、冰冻时应注意：

① 积雪、冰冻的路面上，即使是稍微地倾斜也会引起意想不到的打滑。行驶时控制速度，避免突然的前进、停止和回转。特别是上下坡时容易打滑，非常危险。

② 冰冻的路面随着气温上升地面会变松软，挖掘机行驶变得不平稳，要特别注意。

③ 清除积雪的作业时，坑和道路设施被雪埋在地下看不见，一定要小心作业。

7）不平稳的地基上应注意：

① 尽量不要进入松软地面，会导致挖掘机难以驶出。

② 崖边、深坑、深沟附近的地基不平稳，请勿靠近。挖掘机的重量和振动的作用会造成地基塌陷，致使挖掘机倾翻和陷落。尤其是大雨、爆破和地震后的地基特别容易塌陷，要特别注意。

③ 地面上的堆土和沟渠附近地基不稳，挖掘机的重量和振动会使地基塌陷，致使挖掘机倾翻，切勿进入。

④ 挖掘机应停放在平坦的路面、无落石和砂土塌陷危险的地方，如果地势低洼则不应有水患，同时必须把工作装置放至地面。

⑤ 内燃机熄火后，将右工作装置操纵杆进行上升、下降操作反复2~3次，排出液压回路中残留的压力。

⑥ 若停放在道路上，为了确保其他过往车辆能清楚地看到挖掘机，在不影响车辆通行的地方放置栅栏、标牌、旗子、信号灯或其他引起注意的标识。

⑦ 离开挖掘机时，应将安全锁紧杆拨至"锁紧"位置，关闭内燃机。然后锁上所有的锁，并且务必带走钥匙并放到规定的场所。

⑧ 一定要关好驾驶室的门。

8）寒冷地带应注意：

① 作业完成后，应清除附着在线束、接头、开关、传感器等上的水珠、雪、泥等，并将这些零件盖好。

② 充分热机。不充分热机就操作操纵手柄，挖掘机反应迟钝会导致意外事故。

③ 操作操纵手柄使回路溢流（使压力上升到设定的液压回路压力之上，并将油排回液压油箱），使液压回路的油热起来。这样可以保证挖掘机反应良好，防止误动作。

④ 电解液冻结时，勿给蓄电池充电或是用其他的电源起动内燃机。因为这样会引起蓄电池起火。在进行充电或用其他电源起动时，先解冻电解液，确认蓄电池无漏液等情况时再操作。

第二节 定 期 保 养

挖掘机在使用中应定期对其进行技术保养和故障检排。技术保养主要是做好检查、清洁、润滑、防腐、紧固及调整等工作；故障排除主要是准确发现机械存在的异常隐患，及时予以修复。

1. 定期保养

按照时间间隔不同，定期保养常分为：日常保养、100h保养、250h保养、500h保养、1000h保养、2000h保养、4000h保养和长期封存保养。其中，日常保养、100h保养、250h保养通常由操作手独立完成，500h保养、1000h保养、2000h保养、4000h保养和长期封存保养应由专业维保人员或在专业维保人员的指导帮助下完成。

（1）日常保养

1）检查、清洗或更换空气滤芯；

2）清洗冷却系统内部；

注意：清洗冷却系统内部时，待内燃机充分冷却后，缓慢拧松注水口盖，释放水箱内部压力，然后才能放水；不要在内燃机工作时进行清洗作业，高速旋转的风扇会造成危险；当清洁或更换冷却液时，应将机械停放在水平地面上；要按照规定更换冷却液和防腐蚀剂。

3）检查和拧紧履带板螺栓；

4）检查和调节履带的张紧度；

5）检查进气加热器；

6）更换斗齿；

7）调节铲斗间隙；

8）检查前窗清洗液液面；

9）检查、调节空调器；

10）清洗驾驶室内地板；

11）更换破碎器滤芯。

（2）每100h保养项目

1）动臂缸缸头销轴；

2）动臂铰销；

3）动臂缸缸杆端；

4）斗杆缸缸头销轴；

5）动臂、斗杆连接销；

6）斗杆缸缸杆端；

7）铲斗缸缸头销轴；

8）斗杆连杆连接销；

9）斗杆、铲斗缸缸杆端；

10）铲斗缸缸头销轴；

11）斗杆连杆连接销；

12）检查回转机构箱内的油位；

13）从燃油箱中排出水和沉淀物。

（3）每250h保养项目

1）同时进行每100h保养项目；

2）检查终传动箱内的油位（加齿轮油）；

3）检查蓄电池电解液；

4）更换内燃机油底壳中的油，更换内燃机机油滤芯；

5）润滑回转支承（两处）；

6）检查风扇传动带的张紧度，并检查空调压缩机传动带的张紧度，并作调整。

7）新机工作250h后就应更换燃油滤芯和附加燃油滤芯，检查内燃机气门的间隙。

第三节 故 障 排 除

1. 动力系统

序号	故障现象	故障原因	排除方法
1	内燃机起动，但是不能保持运转，输出功率偏低，噪声过大，负载时排黑烟过多	空气滤芯堵塞	清洗或更换空气滤芯
2	内燃机输出功率低，频繁熄火	1. 油水分离器堵塞 2. 柴油滤网堵塞	1. 放水、清洗 2. 清洗或更换柴油滤芯
3	启动困难或无法启动	1. 蓄电池电量低 2. 柴油较脏	1. 更换电量饱满的蓄电池，换下的蓄电池充电保存 2. 使用清洁的柴油

2. 液压传动系统

序号	故障现象	故障原因	排除方法
1	工作（行驶）过程中噪声增大或有刺耳的吱吱声，而且声音越来越大	1. 主阀与阀架连接螺栓松动 2. 阀架与平台连接螺栓松动	紧固螺栓
2	工作（行驶）停驶8h以内，发现在主阀位置的平台和地面有一定量的油迹	1. 主阀与硬管接合部位连接螺栓松了 2. 硬管内的"O"形圈损坏	1. 紧固螺栓 2. 更换"O"形圈

序号	故障现象	故障原因	排除方法
3	工作时，工作装置动作缓慢，不流畅	1. 液压油不足 2. 伺服泵压力低 3. 油缸活塞油封损坏 4. 液压泵前端盖上的油封损坏 5. 主阀阀杆与阀体之间的间隙过大、阀杆与阀体之间有污垢、阀杆被卡死	1. 补充油量 2. 调整压力 3. 更换油缸活塞油封 4. 更换液压泵油封 5. 清洗阀杆
4	工作过程中操作动臂举升速度慢、无力	1. 油路堵塞 2. 动臂油缸活塞油封损坏	1. 动臂阀杆清洗 2. 更换动臂油缸活塞油封
5	铲斗工作缓慢无力	1. 油路堵塞 2. 铲斗油缸活塞油封损坏	1. 铲斗阀杆清洗 2. 更换铲斗油缸活塞油封
6	油缸无力或自动下降	1. 活塞上的密封圈损坏 2. 主安全阀压力过低 3. 过载阀压力过低 4. 过载阀密封不严 5. 单向阀密封不严 6. 油泵工作不良	1. 更换密封圈 2. 调整压力为 35MPa 3. 调整过载阀压力为 34MPa 4. 检修过载阀的密封性 5. 检修单向阀 6. 检修油泵
7	油缸漏油	1. 导向套上密封圈损坏 2. 活塞杆拉伤	1. 更换密封圈 2. 检修或更换活塞杆

序号	故障现象	故障原因	排除方法
8	支腿下降和支撑无力（对轮式挖掘机）	1. 活塞上密封圈损坏 2. 支腿单向阀锥形活塞弹簧失灵 3. 支腿单向阀锥形活塞表面有脏物卡住 4. 支腿单向阀锥形活塞接触不平或磨损严重	1. 换密封圈 2. 换弹簧 3. 清洗干净 4. 修磨锥形活塞接触面
9	油缸活塞杆往复运动时不灵活，产生"发卡""憋劲"现象	活塞杆变形	对活塞杆进行校正
10	油缸爬行	油缸内侵入了空气	排除空气
11	伺服齿轮泵在运转过程中发出了异常噪声，伺服齿轮泵的进油管接头处，有明显的泄漏迹象	密封圈损坏，油路中混入了空气	更换密封圈

3. 工作装置

序号	故障现象	故障原因	排除方法
1	关节销轴连接处有明显空隙	轴套磨损	更换轴套
2	斗齿变圆、变钝	斗齿磨损	更换斗齿

4. 回转装置

序号	故障现象	故障原因	排除方法
1	回转作业时，出现（咯噔或咯吱）异响	1. 润滑油缺少 2. 二级行星减速器内齿圈、行星齿轮损坏	1. 补充润滑油 2. 更换受损零件
2	回转支承的密封装置处甩出很多黄油，同时回转支承内部有异常声响	1. 密封装置损坏 2. 回转支承内部的滚柱和隔离套损坏	1. 更换密封件 2. 检查、清洗或更换零件

5. 电气系统

序号	故障现象	故障原因	排除方法
1	内燃机中速运转时，充电指示灯一直点亮，蜂鸣器报警	充电系统故障	维修故障线路
2	接通开关，相应灯具不能点亮	1. 灯泡损坏 2. 电器盒保险丝烧毁 3. 灯开关损坏	1. 更换灯泡 2. 更换电器盒保险丝 3. 更换灯开关
3	接通雨刮器开关，雨刮器不工作	1. 雨刮器开关损坏 2. 雨刮电机损坏 3. 线路、线头破损	1. 更换雨刮器开关 2. 更换雨刮电机 3. 更换线路、线头
4	接通喷淋器开关，雨刮臂上没有洗涤液喷出	1. 洗涤液存量不足 2. 喷淋器水泵管路故障 3. 喷淋器开关损坏	1. 添加洗涤液 2. 检查管路 3. 维修喷淋器开关
5	机械工作中，显示的内燃机水温不发生变化	1. 水温传感器线路断裂 2. 水温传感器损坏	1. 检修水温传感器线路 2. 更换水温传感器

6. 空调总成

序号	故障现象	故障原因	排除方法
1	启动内燃机后，发现有持续尖锐的嘶叫声、不制冷	压缩机皮带松弛	调整压缩机，使皮带张紧
2	空调制冷不足或不制冷	1. 热水阀开关处于开状态 2. 空调回风口被异物堵塞 3. 防尘网或蒸发器外表面太脏 4. 制冷剂不足	1. 使热水阀开关处于关闭状态 2. 清理空调回风口 3. 清理防尘网或蒸发器外表面 4. 添加制冷剂

7. 液压镐

序号	故障现象	故障原因	排除方法
1	冲锤操作不便	1. 软管和管路故障 2. 截止阀关闭 3. 操纵阀故障 4. 油箱内液压油不足 5. 液压镐内部故障 6. 充入氮气压力过高	1. 检查，修理或更换管路 2. 打开截止阀 3. 检修或更换操纵阀 4. 补充油箱内液压油 5. 请销售商彻底检修 6. 调整氮气充入压力
2	冲锤操作正常，但冲击压力较弱	1. 软管和管路故障 2. 操纵阀故障 3. 油箱内液压油不足 4. 液压油污染和变质 5. 泵坏 6. 油压安全阀的当前压力降低 7. 油缸内部故障 8. 充入的氮气压力低 9. 锤击调节器一直开启	1. 检修或更换管路 2. 检修或更换操纵阀 3. 补充油箱内液压油 4. 清洗油箱后，彻底更换液压油 5. 请主机厂家彻底检修 6. 请主机厂家彻底检修 7. 请销售商彻底检修 8. 调整氮气充入压力 9. 调整冲击次数

序号	故障现象	故障原因	排除方法
3	冲锤力微弱，软管振动加剧	1. 液压镐主体的蓄力器不足（漏气或流量孔板破损） 2. 充入的氮气压力低 3. 锤击调节器一直开启	1. 请销售商彻底检修（充入氮气或更换流量孔板） 2. 调整氮气充入压力 3. 调整冲击次数
4	从镐杆或前端部泄漏加重	油缸密封件磨损	请销售商彻底检修
5	柱塞运行，但冲锤操作不便	镐杆（塑变）磨损	拆下杆以及前端盖，抛光
6	液压镐壳体与T形腔之间的浮动间距加大，噪声大	各自的阻尼器破损	更换阻尼器

第十章　安全操作规程与管理

挖掘机作为一种机动灵活的工程施工工具，在现代生活中的作用不可忽视，安全作业显得十分重要。挖掘机驾驶员要把安全驾驶操作放在首位，树立安全作业意识，自觉遵守挖掘机安全操作规程，熟练掌握驾驶操作技术，提高维护保养能力，使挖掘机处于良好的技术状况，确保驾驶作业中人身、车辆和施工安全。否则会造成机毁人亡的伤害事故。

第一节　安全操作规程

挖掘机安全操作规程是对挖掘机驾驶员和挖掘机施工作业效能的保证，是防止人身事故和机械事故的保证。大多数事故都是由于不遵循操作和维修机械的基本安全规程所造成的。所以，在操作和维护工作之前必须理解和遵循所有安全操作规程、注意事项和警告事项。

1. 挖掘机驾驶安全操作规程

（1）驾驶挖掘机必须持本机驾驶执照，严禁非本机操作手驾驶。

（2）道路行驶时，要遵守交通信号和交通标志，严格遵守交通规则。

（3）转向、制动性能不好时，不准出车。

（4）驾驶中不准吸烟、饮食和闲聊，严禁酒后驾驶。

（5）下坡时严禁将内燃机熄火和空挡滑行。

（6）挖掘机右转弯时的视线较差，因此应特别小心并提前减速或鸣喇叭示意。

（7）行驶中车架及转盘两侧不准站立人员。

（8）行驶中应注意空中电线和其他建筑物，以防刮碰。

2. 挖掘机驾驶注意事项

（1）为提高挖掘机使用年限而获得更大的经济效益，设备必须做到定人、定机、定岗，明确职责。必须调岗时，应进行设备交接。

（2）挖掘机械进入施工现场后，操作人员应先观察工作面地质及四周环境情况，挖掘机旋转半径内不得有障碍物，以免对车辆造成划伤或损坏。

（3）机械发动后，禁止任何人员站在铲斗内、铲臂上及履带上，以确保安全生产。

（4）挖掘机械在工作中，禁止任何人员在回转半径范围内或铲斗下面工作、停留或行走，非操作人员不得进入驾驶室乱摸乱动，以免造成电气设备的损坏。

（5）挖掘机械在挪位时，操作人员应先观察并鸣笛，后挪位，避免造成安全事故，挪位后的位置要确保挖掘机械旋转半径的空间无任何障碍，严禁违章操作。

（6）工作结束后，应将挖掘机械挪离低洼处或地槽（沟）边缘，应停放在平地上，关闭门窗并锁住。

（7）操作人员必须做好设备的日常维护、检修、保养工作，做好设备使用中的每日记录，发现车辆有问题，不能带病作业，应及时汇报修理。

（8）必须做到驾驶室内干净、整洁，保持车身表面清洁、无灰尘、无油污；工作结束后养成擦车的习惯。

（9）车辆损坏，要分析原因，查找问题，分清职责，按责任轻重进行经济处罚。

（10）驾驶员要及时做好日台班记录，对当日的工作内容做好统计，对工程外零工或零项及时办好手续，并做好记录，以备结账使用。

（11）驾驶人员在工作期间严禁喝酒和酒后驾车工作，如发现，给予经济处罚，造成的经济损失，由本人承担。

（12）要树立高度的责任心，确保安全生产，认真做好与建设方沟通和服务工作，搞好双边关系，树立良好的工作作风，为企业的发展和效益尽心尽责，努力工作。

（13）挖掘机操作属于特种作业，需要特种作业操作证才能驾驶挖掘机作业。

3. 挖掘机作业警告事项

（1）作业时，在挖掘机活动空间内不得有任何障碍物，禁止人员通过、逗留。多机同时作业，彼此间应留出足够的安全距离。

（2）挖掘作业时，应首先确定挖掘地下没有电缆、光缆、油、水、气管道或其他危险物品，否则应事前处置。

（3）挖掘断崖时，应预先排除险石，以免塌落。在松软地层上挖掘沟坑时，距坑沟边沿要留出足够的安全距离，并注意观察情况，以防崩塌造成挖掘机倾翻。

（4）装车作业时，应合理确定进出路线和停放位置。承装车辆操作人员应离开驾驶室挖斗从车厢两侧或后方进入，禁止从驾驶室上通过。挖斗接近车厢时，应尽量放低，翻斗时不得碰撞车厢。

（5）挖斗掘入土层或置于地面时，禁止回转车身（调整回转液压力除外），不得以回转作用力拉动重物，不得以挖斗冲击物体。

（6）停止作业时，不论时间长短，都应将挖斗置于地面。

（7）不得在横坡度大于5°的地面上作业。

（8）一般情况下不得在高压线下作业，必须作业时，工作装置最高点应与高压线保持一定距离。10kV 以上应相距 5m 以上，6kV 以下相距 3m 以上，380V 应距 1.5m 以上。

（9）夜间作业照明设备应完好，应有专人指挥，在危险地段设置明显标志及护栏。

第二节 安 全 管 理

1. 燃油管理

（1）柴油的管理

要根据不同的环境温度选用不同牌号的柴油（表 10-1）；柴油不能混入杂质、灰土与水，否则将使燃油泵过早磨损；劣质燃油中的石蜡与硫的含量高，会对内燃机产生损害；每日作业完后燃油箱要加满燃油，防止油箱内壁产生水滴；每日作业前打开燃油箱底的放水阀放水；在内燃机燃料用尽或更换滤芯后，须排尽管路中的空气。

不同环境温度选用不同牌号的柴油　　　表 10-1

最低环境温度（℃）	0	−10	−20	−30
柴油牌号	0 号	−10 号	−20 号	−35 号

（2）其他用油的管理

其他用油包括内燃机油、液压油、齿轮油等；不同牌号和不同等级的用油不能混用；不同品种挖掘机械用油在生产过程中添加的起化学作用或物理作用的添加剂不同；要保证用油清洁，防止杂物（水、粉尘、颗粒等）混入；根据环境温度和用途选用不同油的标号。环境温度高，应选用粘度大的润滑油，环境温度低应选用粘度小的润滑油；齿轮油的粘度相对较大，以适应较大的传动负载，液压油的粘度相对较小，以减少液体流动阻力。

2. 润滑管理

（1）润滑油脂管理

采用润滑油（或凡士林）可以减少运动件表面的磨损，防止出现噪声。润滑脂存放保管时，不能混入灰尘、砂粒、水及其他杂质；推荐选用锂基型润滑脂，抗磨性能好，适用于重载工况；加注时，要尽量将旧油全部挤出并擦干净，防止砂土粘附。

（2）滤芯的维护

滤芯起到过滤油路或气路中杂质的作用，阻止其侵入系统内部而造成故障；各种滤芯要按照操作保养手册的要求定期更换；更换滤芯时，需检查是否有金属附在旧滤芯上，如发现有金属颗粒应及时诊断和采取改善措施；使用符合机械规定的合格滤芯。伪劣滤芯的过滤能力较差，其过滤层的材料质量都不符合要求，会严重影响机械的正常使用。

3. 运输管理

挖掘机的远距离输送通常采用铁路运输，近距离输送一般采用平板车。

输送中应做到：锁闭门窗（有押运人员除外），锁闭左右两侧门，制动装置全部制动，变速箱置于空挡位置。将左边扶手盒边上的先导开关向上抬起，切断工作装置的控制油路；将铲斗降至砌块上；将钥匙开关转至 OFF；将先导控制关闭杆拉至锁住位置；将排气管盖上，以避免风和水的进入。

4. 驾驶管理

（1）在驾驶挖掘机前，查明想行走的方向和行走踏板/操作杆的关系。踏下行走踏板前部或者推操作杆驱动机械进入慢车状态。灰尘、大雨、浓雾等会模糊视线。保持窗户、镜子和灯具的清洁和良好状况。当能见度下降时，降低速度并使用灯光（如图 10-1 所示）。确认工作区域的地面有足够强度坚固地支撑机械。当在冻结地面上工作时，注意倾倒。温度的上升将会导致地面变软。

图 10-1　使用灯光

（2）移动和操作挖掘机可能撞伤旁观者。因此，移动或操作挖掘机时要仔细观察周围，警告其他人员离开工作区，确保危险区域内无人，如图 10-2 所示。

（3）视野不好或在拥挤的区域内驾驶或操作挖掘机，要利用信号员（图 10-3），保持信号员在视线里，并协调手信号。

（4）驾驶挖掘机时身体任何部分不可超出窗架。身体超出窗架，易碰到控制操作杆，使挖掘机出现不可预测的动作。当窗户损坏时，即刻更换。

图 10-2　谨防撞伤旁观者

当作业接近凹坑时，使行走马达处于后方来定位机械。

图 10-3　利用信号员

（5）当液压挖掘机上、下坡时，将铲斗保持大约离地 30cm。如果挖掘机开始滑动或变得不安定，即刻放下铲斗。

（6）当液压挖掘机在斜坡上操作时，将铲斗保持在下方并接近机械，履带必须指向上坡（图 10-4）。当重负载旋转时，避免挖掘机倾斜。必要时可降低旋转速度。当挖掘机横在斜坡上倾倒重物时，使动臂尽可能转向上坡的一边倾倒重物，如果必须向下坡倾倒，斗杆只要摆到刚刚能倾倒铲斗的程度即可。倾倒泥土或岩石时要与挖出的壕沟保持足够的距离，以防止陷落。若挖掘机出现倾斜，不得跳车；应扎紧安全带（图 10-5），手脚不要伸出驾驶室外，以防被挖掘机抛出，造成严重的伤亡。

图 10-4　在斜坡上小心操作

图 10-5　扎紧安全带

图 10-6　避免工作装置碰到高架障碍物

（7）在液压挖掘机作业时，须避免动臂或斗杆和高架障碍物的接触（图 10-6）。

（8）当深挖时，避免动臂底部和铲斗液压缸软管和地面的碰击。铲斗只用于挖掘，不可用于破碎或凿岩。挖掘前注意电缆线、气管和水管的位置，地下公用设施需用标记标识出来，以免破坏（图10-7）。

（9）要适时检查挖掘机上方，了解电线、挖掘机与地面的精确距离；如果可能，最好切断电源；如果不能切断电源，请求信号员引导。不可使挖掘机的任何部分接近电线，如图10-8所示。

图10-7　避免破坏地下公用设施　图10-8　避免机械接近高压电线

如果挖掘机的零部件接触到高压电源：

1）驾驶员应及时警示其他人不要接触挖掘机，并尽量远离挖掘机。

2）如果能切断接触处应立即切断，以进行改变造成与高压电源接触的操作，并使挖掘机离开危险区域。

3）如果不能切断接触处，应呆在驾驶室内，发出求救信号，直到电力部门切断电线并告知电源已断开，方可离开挖掘机。如果碰到高压电源引起诸如火灾之类极端情况被迫离开挖掘机，不可一步步走出挖掘机，应尽可能地双脚并拢跳离挖掘机，且手不要着地。双脚并拢跳到安全距离为止。

图10-9　避免倾倒

（10）避免倾倒（图10-9）

避免在斜坡上横向行驶。当在斜坡上行驶时，履带应该指向上坡。当上坡或下坡时，保持铲斗在上坡侧。如果挖掘机开始滑溜或者不稳定，即刻降下铲斗。

当回转重负荷时，防止

机械倾倒，将铲斗保持在上坡侧。不可将负载回转至下坡侧。如果需要，必须降低回转速度。

（11）选择合适的履带板

不可在岩石、砂堆或砂砾的粗糙地面上使用宽履带板。宽履带板是为软地面而设计的，在粗糙地面上使用宽履带板将导致履带板的弯曲或松弛，且可能损坏其他底架组件。

必须定期检查履带板张紧度，过松或过紧均应及时调整，以免造成履带脱落或崩断。

（12）短距离拖拉挖掘机

当挖掘机受到撞击，只能进行简单操作，需要进行短距离拖拉时，应如图 10-10 所示连接上拖拉钢丝绳，并确认将钢丝绳连接在两台机械的行走架上，然后再使用另外一台机械将挖掘机拖拉到坚固地面。

为了避免钢丝绳受到损坏，在行走架和钢丝绳之间放置一些垫料，

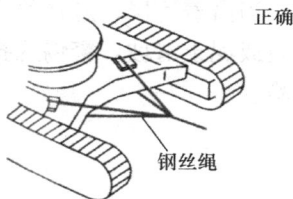

图 10-10　系钢丝绳的位置

如橡胶片、布条等。另外，因为在拖拉挖掘机过程中绳索可能会断开，为避免意外造成事故，应尽量选用钢丝绳进行拖拉，不可使用损坏的链、磨损的电缆、环索、皮带或者尼龙绳等来拖拉挖掘机。

（13）安全停放

1）停放挖掘机应选择平坦地面。如果不得不停放在倾斜地面时，应利用挡块挡住两侧履带，避免发生失控事故。不要停在施工道路上，如果一定要停在这些地方，必须依据规则，白天用旗帜，晚上用信号灯或闪光灯来提示其他人员或车辆。

2）将铲斗降低至地面。

3）将内燃机转速降至怠速，并继续运转 3min。

4）停止内燃机，并从开关中取出钥匙。

5）将先导控制关闭杆移至锁住位置。

6）在右方控制杆上挂上"请勿操作"的标签。

5. 作业管理

（1）避免在峭壁或者在有倾覆危险的软地面上作业。当不可避免要在峭壁或者软地面上作业时，为保证下机容易，需使履带与作业地边缘保持垂直。

（2）当在危险的区域工作时，特别是在挖掘处的边缘操作时要特别警惕。请确保挖掘机后撤足够的距离，避免挖掘机正下方掏空（图10-11）。

（3）不要在高悬的崖堤下挖掘（图10-12），崖堤边缘易出现坍塌或滑坡。操作时，不要让挖掘机靠近悬挂物或料堆的边缘。当沿着河岸、悬挂物底部或在建筑物内工作时要小心，当心岩石或泥土滑坡，警惕悬挂的树枝并避免将挖掘机正上方掏空的危险。

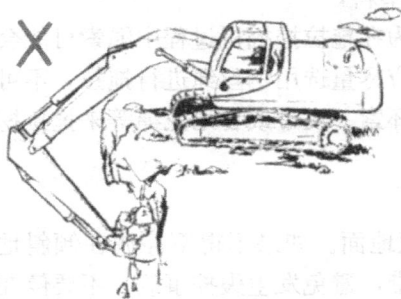

图 10-11　机械正下方掏空　　　图 10-12　在高悬的崖堤下挖掘

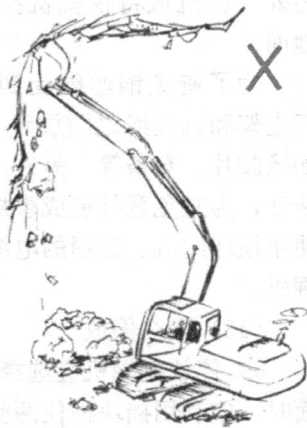

（4）吊装作业时要考虑挖掘机功率、载荷的重量和物件宽度。吊装物件不要超过挖掘机的提升能力（图10-13），否则会损坏机械和造成安全事故。挖掘机提升能力是指"额定稳定提升能力"和"额定液压提升能力"中较小的一个，单位通常为 kg

图 10-13　吊装物件超过机械提升能力

或 N；额定稳定提升能力是指挖掘机吊装时引起倾翻的最小载荷的 75％，额定液压提升能力是指挖掘机吊装时能够提升货物最大重量的 87％。

吊装时应注意：

1）标准工作装置不能用于提升载荷，必须安装专用的带吊钩的铲斗。

2）确认所用的环扣、钢丝绳、吊钩等吊具没有破坏、磨损，确保其适合所起吊的重量。

3）定位上车体，使驱动轮位于后方。

4）作业时要把内燃机转速降低。

5）加载不能超过"提升能力表"中标出的范围，该表一般贴于驾驶位置右侧。

6）工作前试一试物件：先将挖掘机正对物体停稳、连接好。将物件吊离地面 50mm，旋转上部机构 90°到另一边，保证物件平衡，缓慢地移动目标物，防止物件摆动或转动，若必要，用一根拖拽绳加强控制。当有任何物件或挖掘机不稳定的迹象时，将物件放到地面上。

7）不可突然移动物件；不可在人的头上移动物件（图 10-14）；保持所有人员远离物件，直到物件得到可靠支撑或置于地面为止。

图 10-14　在人头上方
移动物件

8）多人工作时要确定统一的信号并遵守这些信号。

（5）在斜坡上作业很危险，避免挖掘机在 10°以上的坡度横向作业。如果一定要在斜坡上作业，则应平整出一块足够挖掘机停放和回转的地方后再操作。

（6）短距离拖拉物品

在履带架上提供了一个钩环孔，以便拖拉小于规定重量的物品。如重量超出规定的范围时，不可利用钩环孔来拖拉物品。如图 10-15 所示。

1）拖拉物品时，将钢丝绳以适当的 U 形钩环连接到机架钩环孔。

2）缓慢地拖拉，保持绳索的水平以及和履带保持平行。

（7）避免其他危险的操作

1）无论在何时，不能将挖掘机置于不平坦的地面上进行作业，如图 10-16 所示。

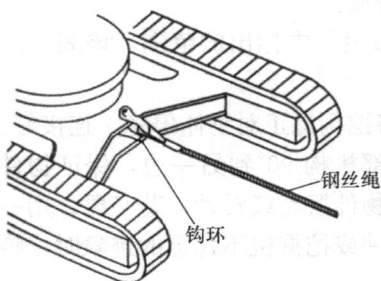

图 10-15　拖拉物品

图 10-16　机械置于不平坦地面

2）不可将行走动力作为附加的挖掘力量（如图 10-17），否

136

则会严重加剧挖掘机的磨损，甚至直接造成损坏。

3）不可提升挖掘机后部，以便利用挖掘机本身的重量作为附加的挖掘力量，否则会严重加剧挖掘机的磨损，甚至直接造成损坏，如图 10-18 所示。

图 10-17　将行走作为附加的挖掘力量的地面上进行作业

4）挖掘时不可用铲斗来敲打履带。为了避免损坏液压缸，不可把铲斗当做锤子撞击地面或当铲斗液压缸完全伸长的时候当做打桩机用铲斗捣实，如图 10-19。

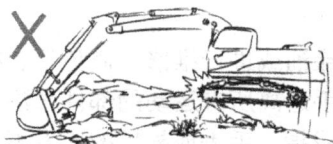

图 10-18　利用机械自重作为附加挖掘力

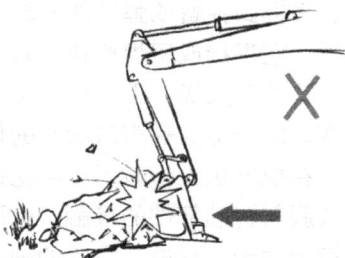

图 10-19　把铲斗当作锤子和打桩机

不可试图使用回转动作来移动石头和撞毁墙壁。调整每个切口的长度和宽度，以便在每次的挖掘中铲斗能获得满载。一旦沟壕被挖开，可以从下层拉上铲斗来破碎岩石。

5）禁止野蛮装卸（如图 10-20）。

6. 维修管理

（1）熟悉工作规程

熟悉维护、维修规程，保持工作区的清洁和干燥。

图 10-20　野蛮装卸

（2）维修区域的准备

选择一个空间足够、光线充足、通风良好并且干净平坦的区域进行修理工作。清洁工作地面，擦掉燃料油、润滑油和水，准备好接油、接水的设备。

（3）安全防护

穿戴工作所需的防护服和适合工作的安全装备。当接触腐蚀材料的时候请穿上橡皮围裙，戴上橡皮手套。处理木质材料、钢丝绳或边缘尖锐的金属时要戴手套、穿安全鞋。戴上规定的口罩，防止有害的粉尘。

使用护目镜、安全眼镜或面罩可以保护眼睛在保养蓄电池时不受高压液体的伤害，在内燃机运转和使用工具时不受飞屑的伤害。当拆卸弹簧或弹性的零部件或给蓄电池加酸时，要戴上防护面罩。在焊接或用焊枪切割时，要带上安全帽或者护目镜。

若处于大噪声下工作，可使用保护听觉的装置，例如耳套或耳塞，以避免大噪声对听觉的伤害。

在挖掘机工作时不可给挖掘机涂油或进行维修。避免手、脚和衣服与转动部件的接触。保证双手远离所有运动的部件，注意摇摆的领带、项链、宽松的袖子、戒指、手表或松散的头发不要被卷入机械中。

如果维修必须在内燃机转动下实施时，不可让挖掘机无人驾驶。安排一人坐在操作人员座椅上，并准备随时关闭内燃机。

（4）定期清洗

为了避免可能的受伤或者挖掘机的损坏，须定期去除一切积存的黄油、油或碎片。保持内燃机室、散热器、蓄电池、液压管、燃油箱和驾驶室的清洁。

进行清洗时应注意：

1）穿上防滑鞋以防止在湿的表面上滑倒。

2）使用高压水冲洗挖掘机时，要注意不让高压水冲击到人，以免受伤，不让脏物或污泥溅入眼睛。

3）不要把水直接喷在电气系统的传感器、连接器以及仪表上，如果水进入电气系统，则会引起操作失灵的危险。

（5）防高温、防烫伤

当内燃机停止后，内燃机室的温度可能立刻上升。在这段时间，一定要防止着火。打开附属门以便迅速冷却内燃机，并清扫内燃机室。

当检查散热器的水位时，要先停止内燃机，等内燃机和散热器冷却下来，然后把手靠近散热器以试探温度，当不烫手后缓慢旋转散热器顶盖，把内部压力释放完再打开盖子。

（6）正确选择支撑物

作业时，附件或器械一般总是处于离地面较低的位置。如果必须在被提升的机构或附件上下工作时，要安全支撑机械或附件。动臂被提升时，请保持动臂和斗杆之间的夹角为 90°～110°，正确支撑机械。不可在矿渣砖、中空瓦片或在连续负载下可能碎裂的支撑物上支撑机构。不可在只有单支撑物支撑的机构上作业。

（7）小心高压液体

挖掘机液压系统的工作油压很高，从其连接处或管路破损处喷射出的高压液体能穿透皮肤，导致严重伤害。因此，在分离液压元件或其他管路时，必须完全释放液压压力；可采用纸板等进行防护，避免液压油直接射到身体上。

在对系统进行增压前，拧紧所有连接件。用纸板查找渗漏，注意保护手和身体免于接触高压液体。如果发生意外，即刻实施医疗。任何注进皮肤的液体必须在几小时之内就医，否则可能导致坏疽。

（8）避免火灾和爆炸的危险

1）当检查燃油、润滑油、蓄电池液或窗户洗涤液时，要使用有防爆规格的照明。在光线较差的情况下，禁止使用明火进行照明，避免引起火灾或爆炸。

2）在挖掘机附近使用明火时，应远离蓄电池上部，因为含铅的酸性蓄电池可以产生易燃易爆性气体。

3）不可用一块金属物横过接线柱来检查蓄电池的电荷，只能使用电压表或者比重计。

4）不可对已冻结的蓄电池进行充电，可能会由于瞬间过热引起爆炸。

5）燃油、润滑油和其他易燃材料的存放要远离明火，不可焚烧或刺破压力容器。

6）不可在有吸烟、明火或火花的地点注加燃料，给挖掘机注加燃料前要停止内燃机；应在户外注加燃料，避免火灾和爆炸。

7）不可堆积存放含油的抹布，它们能被点燃或者自发地燃烧。

8）在有压力的液管附近加热会引起爆炸将导致严重伤亡。因此，不可在压力液管或其他易燃性材料附近进行熔接、焊接或者利用明火加热。

9）液管选择时，要求当热量超过即刻燃烧范围时，压力液管应能随时被切断。同时设置防火保护套，以便保护软管或者其他材料。

10）当在挖掘机底盘上进行磨削或焊接时，要把任何易燃材料移到安全地方。

11）在检修和保养点一定要配备灭火器。

（9）避免电池的危险

用手电筒检查电解液液位，检查时要关闭内燃机。密闭的蓄电池末端膨胀表明蓄电池已经冻结。含铅的酸性蓄电池含有酸性，一旦接触，会伤害眼睛和皮肤。请戴好防护面罩，避免酸液进入眼睛。若酸入眼，用净水马上冲洗，并及时就诊。戴上橡胶手套并穿上防护服以免酸液沾上皮肤；如果酸液接触到皮肤，迅速用清水冲洗。

（10）安全处置废液

不适当的废料液体处理会危害环境和生态。不可将废油倒在地道进水沟或者倒进河流、池塘或湖泊。排出废液时要选择适当的容器，不可使用食物或饮料容器，以免被误饮误食。